樱桃科学施肥

YINGTAO KEXUE SHIFEI

李学强 编著

中国科学技术出版社

·北 京·

图书在版编目（CIP）数据

樱桃科学施肥 / 李学强编著 . —北京：
中国科学技术出版社，2018.1
ISBN 978-7-5046-7816-4

Ⅰ.①樱…　Ⅱ.①李…　Ⅲ.①樱桃—施肥
Ⅳ.① S662.5

中国版本图书馆 CIP 数据核字（2017）第 278552 号

策划编辑	刘　聪　王绍昱	
责任编辑	刘　聪　王绍昱	
装帧设计	中文天地	
责任校对	焦　宁	
责任印制	徐　飞	

出　　版	中国科学技术出版社
发　　行	中国科学技术出版社发行部
地　　址	北京市海淀区中关村南大街16号
邮　　编	100081
发行电话	010–62173865
传　　真	010–62173081
网　　址	http://www.cspbooks.com.cn

开　　本	889mm×1194mm　1/32
字　　数	94千字
印　　张	4.125
版　　次	2018年1月第1版
印　　次	2018年1月第1次印刷
印　　刷	北京威远印刷有限公司
书　　号	ISBN 978-7-5046-7816-4 / S・691
定　　价	20.00元

$\mathcal{C}$ontents 目 录

第一章
樱桃的主要种类和优良品种

一、主要种类

樱桃［*Cerasus pseudocerasus*（Lindl.）］为蔷薇科樱桃属。本属约有 120 余种，但作为栽培的只有 5 个种，部分种用于栽培品种和砧木类型的选育，大部分种有待于进一步开发。

（一）栽培和育种中常用的种

1. 欧洲甜樱桃 又名大樱桃、西洋樱桃。乔木，高 10～30 米。树冠卵球形，树皮灰褐色，有光泽，具横生褐色皮孔，小枝浅红褐色。叶片卵形、倒卵形或椭圆形，长 10～17 厘米，宽 5～8 厘米，先端突尖，边缘有重锯齿，叶柄长 2～5 厘米，有 1～3 个紫红色腺体。伞形花序，每花序 1～5 朵花，多数 4～5 朵。花径 2.5～3.5 厘米，花梗长 3～5 厘米。果实圆球形或卵圆形，直径 1.1～2.5 厘米，暗红色至紫黑色，有的橘黄色或浅黄色。果肉较硬，果汁较多，味甜或稍有苦味。果核卵圆球形或卵形，平滑，浅黄褐色。耐寒性比中国樱桃强，抗旱力较差。

2. 欧洲酸樱桃 小乔木或灌木，树冠圆头形。枝干灰紫色或浅棕紫色，有光泽。叶片倒卵形至卵圆形，长 5～7 厘米，宽 3～5 厘米，先端急尖，基部楔形，常有 2～4 个腺体，叶缘复锯齿，小而整齐，叶面粗糙，浓绿色，无毛。叶柄长 1～2 厘

米，无腺体，托叶长披针形，有锯齿。伞形花序，每花序 2～4 朵花，花瓣白色。果实球形或扁球形，直径 1.2～1.5 厘米，鲜红色。果肉浅黄色，味酸，黏核。核球形，褐色，直径 0.7～0.8 厘米。是二倍体甜樱桃和四倍体草原樱桃的杂交种，果实主要用于加工。

3. 中国樱桃 又称草樱桃、小樱桃。乔木，高 6～8 米。叶片卵圆形至椭圆形，长 8～15 厘米，侧脉 7～10 对，叶柄长 8～15 毫米，托叶常 3～4 裂。花先于叶开放，3～6 朵呈伞形花序或有梗的总状花序。花直径 1.5～2.5 厘米，花梗长 1.5 厘米，具短柔毛，花瓣白色，卵圆形至近圆形，先端微凹，花柱与子房无毛。果实近球形，红色、粉红色、紫红色或乳黄色。果肉柔软多汁，不耐贮运，直径约 1 厘米，核卵形，微扁。果实主要用于鲜食和加工，但果实明显小于欧洲甜樱桃和欧洲酸樱桃，可选作砧木。

4. 毛樱桃 原产于中国。株高 2～3 米，冠径 3～3.5 米。有直立型、开张型两类，为多枝干形。叶芽着生枝条顶端及叶腋间，花芽为纯花芽，与叶芽复生，萌芽率高，成枝力中等，隐芽寿命长。花芽量大，花先叶开放，白色至淡粉红色，萼片红色，坐果率高。适应性极强。在西南、西北、东北、华北均有栽培，果实可食用，主要用于砧木。

5. 草原樱桃 灌木，高 1～2 米。叶片厚硬，倒卵形至长卵椭圆形，长 2～5 厘米，宽 0.8～2 厘米，先端急尖或圆钝锯齿，两面无毛，叶柄长 3～10 毫米，无腺体。花序伞形，无柄或短柄，花直径 1.2～1.5 厘米，花梗长 1.5～2.5 厘米，花瓣白色，长圆倒卵形。果实卵形、球形或扁球形，直径 0.8～1.5 厘米，红色或暗红色。野生于亚洲东南部和欧洲中西部，果可食用，可用作砧木。

6. 马哈利樱桃 又称圆叶樱桃。原产于欧洲中部、南部及小亚细亚。乔木，高达 10 米。主干矮，分枝多，形成广开树冠，

小枝幼叶密被短茸毛。叶片圆形至宽卵形，长 3～6 厘米，先端短尖，基部圆形或近心形，边缘有圆钝细锯齿，叶柄长 1～2 厘米。花 6～10 朵，呈总状花序，花径 1.5 厘米，花瓣白色，微香。果实球形，直径约 6 毫米，黑紫色，不能食用。多用于砧木。

7. Duke 樱桃　为四倍体，可能是酸樱桃与甜樱桃二倍体配子的杂交种，一般坐果不良，个别品种可以食用，多数用作砧木。

8. 山樱桃　产于华北、华东各省，有很多变型，多用作砧木。

9. 沙樱桃　原产于北美东部，主要用于观赏，可作砧木，但与甜樱桃多不亲和。

（二）具有品种改良价值或作砧木用的樱桃种

具有潜在品种改良价值或作砧木用的樱桃种有中国的矮化樱桃种郁李，观赏价值很高的日本早樱、豆樱，野生于中国中部和西部的灰毛樱桃。此外，还有西沙樱桃、野生针樱桃、野生黑樱桃等。

二、优良品种

（一）甜樱桃品种

1. 早红宝石　又名早鲁宾，乌克兰培育的早熟品种，其亲本为法兰西斯×早熟马尔其。果个中大，单果重 5～6 克，阔心脏形，紫红色，果点玫瑰红色。果皮细，易剥离，肉质细嫩、多汁，酸甜适口，鲜食品质优。花后 27～30 天果实成熟。植株生长强健，生长较快、树体大。以花束状果枝和 1 年生果枝结果，结果早。自花不实，需配置授粉树。抗寒、抗旱。

2. 乌梅极早 乌克兰培育的早熟品种，其亲本为法兰西斯·约瑟夫×早熟马尔其。果个大，整齐，单果重 6～7 克，心脏形，红色，皮细，易剥皮。果肉鲜红色，多汁，细嫩爽口，具有葡萄型甜味，果汁玫瑰红色，离核，品质优。花后 28～32 天果实成熟，成熟期一致。植株生长健壮，以花束状果枝和 1 年生果枝结果。嫁接苗栽后第 3～4 年始果。抗寒、抗旱。

3. 极佳 乌克兰大樱桃品种中最好的授粉品种。果个大，单果重 6～8 克，果皮紫红色。果肉紫红色带有白色纹理，半硬肉，质细多汁，汁浓、紫红色，具有葡萄型甜味，品质佳。果核圆，光滑。花后 32～35 天果实成熟。植株生长强健，混合枝、长果枝、花束状结果枝均可结果，嫁接苗栽后第 3～4 年始果。花粉量大。抗寒、抗旱。

4. 抉择 果个大，单果重 9～11 克，果实圆形至心脏形，果顶浑圆，果梗粗，较短。果皮紫红至暗红色，皮薄，韧性强，易剥离，裂果轻。果肉紫红色至暗红色，较硬，肉质细腻多汁，甜酸可口，果皮无涩味。半黏核至离核，品质极佳。花后 42～45 天果实成熟，成熟后可挂树期长达 2 周，果不落不软烂，品质不变。树势强健，树体高大，早果丰产性极佳。抗寒、抗旱。

5. 大紫 又名大红袍、大红樱桃、大叶子，原产于俄罗斯，是我国目前主栽的品种之一。平均单果重 6 克，最大可达 10 克。果实心脏形或宽心脏形，果梗中长而较细。果皮初熟时浅红色，成熟后为紫红色或深紫红色，有光泽，皮薄易剥离。果肉浅红色至红色，质地软，汁多味甜，品质中上等，果核大。花后 40 天左右果实成熟，成熟期不太一致，需分批采收。树势强健，幼树期枝条较直立，随着结果量增加逐渐开张。萌芽力高，成枝力较强，节间长，枝条细，枝冠大，树体不紧凑，树冠内部容易光秃。

6. 意大利早红 又名莫勒乌，原产法国。果实短鸡心形，单果重 8～10 克，最大果重 12 克。果皮紫红色，果肉红色，肉

厚细嫩，硬脆，汁多，风味酸甜，品质优。果实发育期32天左右。果实不裂果，耐贮运。生长势强，树姿开张，萌芽力、成枝力高。花芽大，饱满，成花易。适应性强，抗寒、抗旱。在山丘砾石土壤和沙壤土中栽植生长良好。

7. 芝罘红 原名烟台红樱桃。果个大，平均单果重8克，最大果重9.5克。圆球形，梗洼处缝合线有短深沟。果梗长而粗，不易与果实分离，采前落果较轻。果皮鲜红色，具光泽，外形极美观。果肉浅红色，质地较硬，汁多，浅红色，酸甜适口，风味佳，品质上等。果皮不易剥离。离核，核较小。成熟期比大紫晚3～5天，几乎与红灯同熟，成熟期较一致，耐贮运性强。树势强健，生长旺盛，萌芽力、成枝力高。枝条粗壮，直立。各类果枝均有较强的结果能力，丰产稳产。

8. 红灯 大连农业科学研究所育成，其亲本为那翁×黄玉。果个大，平均单果重9.6克，最大果重达12克。果实肾脏形，果梗粗短。果皮红色至紫红色，富光泽，色泽艳丽，外形美观。果肉淡黄、半软、汁多，味甜酸适口。核小，半离核。成熟期较早，在大紫采收的后期开始采收。采前遇雨有轻微裂果。树势强健，生长旺盛，幼树直立生长，生长迅速，盛果期逐渐开张，进入结果期稍晚，但连续丰产能力强，产量高。

9. 红艳 大连农业科学研究所育成，亲本为那翁×黄玉。果实宽心脏形，大小整齐，平均单果重8克，最大果重可达10克。果皮底色浅黄，阳面着鲜红色，外观色泽鲜艳，有光泽。果肉黄白色，肥厚多汁，肉质较软，质地细腻，酸甜味浓，品质上等，但不耐贮运。树势强健，树冠半开张，萌芽力、成枝力均较强，坐果率高，早果丰产。有一定自花结实能力。成熟期与红灯相近。

10. 美早 美国品种。果实阔心脏形，平均单果重11.38克，最大果重13.2克。果皮全面浓红色，充分成熟时紫红色，有光泽，极艳丽美观。果肉浅黄色，质脆，酸甜适口，风味佳、品质

优，较耐贮运。比红灯晚熟2～3天，但成熟期一致性好于红灯。树势强健，树姿半开张。幼树萌芽力、成枝力均强。以中、短枝和花束状果枝结果为主，自花结实率低，需配置授粉树。较丰产，抗病、抗寒性强。

11. 龙冠　中国农业科学院郑州果树研究所育成，其亲本为那翁×大紫。果实宽心脏形，平均果重6.8克，最大果重12克。果皮呈宝石红色，肉质较硬，果肉及汁液呈紫红色，汁液中多，酸甜适口，风味浓郁，品质优良。核椭圆形，黏核。果实较耐贮运。树体生长健壮，开花整齐，自花坐果率高达25%～30%，果实发育期为40天左右。早果丰产，适应性、抗逆性均强。

12. 胜利　乌克兰品种。果实扁圆锥形，紫红色。果个大，单果重10～12克，最大果重达15克以上。果肉红色，质地较硬，细腻多汁，酸甜可口，果皮韧性强，不裂果，品质极佳，耐运输。花后45～50天果实成熟。但成熟后可在树上挂20天以上而果实不软、不烂、不落，品质不变。树势强健，生长快，早丰产。抗寒、抗旱。

13. 先锋　果个大，平均单果重8.6克，最大果重10.5克。果实肾脏形，紫红色，光泽艳丽，缝合线明显，果梗短、粗为其明显的特征。果皮厚而韧，果肉玫瑰红色，肉质脆硬，肥厚，汁多，酸甜可口，风味好，品质佳。核小，圆形。成熟期较红灯晚10天左右，耐贮运。树势强健，枝条粗壮，丰产性较好。抗逆性强。紧凑型先锋的早实性、丰产性等果实性状与先锋相同，唯一不同的是，树冠比先锋小而紧凑，更适于密植栽培。

14. 雷尼　又叫雷尼尔，美国以滨库×先锋育成的中熟黄色品种。果实心脏形。果个大，单果重8～9克，最大果达12克，果实大小整齐。果皮底色黄色，富鲜红色红晕，在光照好的部位可全面红色。果肉无色，质地较硬，品质极佳。离核，核小。果皮韧性好，裂果轻，较耐贮运，生食、加工皆宜。树势强健，枝条粗壮，节间短，树冠紧凑，以短果枝结果为主，早果丰产。抗逆性强。

15. 宇宙　乌克兰品种，以庄园×早大果育成的晚熟品种。果实圆形至心脏形，果皮深红色。果个大，单果重 9～11 克。果肉红色，质地较硬，细腻多汁，酸甜可口，品质极好，耐运输。果核小。花后 50～55 天果实成熟。树势强旺，以花束状果枝和 1 年生果枝结果为主，早果丰产性较好。成熟期较红灯晚 20 天左右，果实成熟后可挂树延采 20 天以上。抗寒、抗旱。

16. 滨库　美国品种。果实心脏形。果个大，平均单果重 7.2 克。梗洼宽、深，果顶平，近梗洼处缝合线侧有短深沟，果梗粗短。果皮浓红色至紫红色，外形美观，果皮厚。果肉粉红，质地脆硬，汁中多，淡红色，酸甜适度，品质上等。半离核，核小。成熟期较红灯晚 10～15 天。树势强健，树姿较开张，枝条粗壮、直立，树冠大，以花束状果枝和短果枝结果为主。丰产、稳产性好，耐贮运，采前遇雨有裂果现象。适应性较强。

17. 斯坦勒　又名斯坦拉，加拿大品种。果实心脏形，果梗细长。果个大或中大，单果重 7.1～9 克，最大果重可达 10 克以上。果皮深红色，厚而韧，不易裂果。果肉淡红色，肉质硬而细密，果汁中等多，酸甜适口，风味较佳，较耐贮运。核中大，卵圆形。树势强健，树姿开张。早果丰产性好。自花结实力强，花粉量大，是优良的授粉品种。本品种抗寒性稍差。

18. 拉宾斯　加拿大以先锋×斯坦勒杂交育成的晚熟品种。果实近圆形或卵圆形，紫红色，有光泽，外观美丽。果个大，平均单果重 8 克。果皮厚而韧，裂果轻。果肉肥厚，脆而较硬，果汁多，风味较佳，品质上等。树势强健，树姿较直立，自花结实，早果丰产。耐寒。

19. 佳红　大连农业科学研究所培育的品种，亲本为滨库×香蕉。果实宽心脏形，大小整齐，平均单果重 10 克，最大果重可达 15 克。果皮底色浅黄，向阳面着鲜红色彩霞，外观色彩艳丽，有光泽，极美丽。果肉浅黄白色，质地较脆，肥厚多汁，黏核。鲜食品质极佳，较耐贮运。成熟期比红灯晚 7 天左右。树势

强健，枝条横生或下垂，树冠开张，萌芽率高，成枝力强，早果丰产。

20. 友谊 乌克兰品种。果实圆形至心脏形，大小整齐一致。果个大，核小，平均单果重 12 克。果皮深红色，果肉红色，细腻多汁，肉质较硬，耐运输，鲜食品质极佳。果皮韧性强，不裂果。成熟期比红灯晚 20～30 天。果实成熟后可挂树晚采，挂树时间可达 20 天以上，果实不软、不烂、不裂、不落，品质不变。

21. 奇好 乌克兰用庄园和乌梅极早杂交育成的晚熟品种。果实圆形至心脏形。果个大，单果重 8～9 克，最大果重可达 15 克以上。果皮深红色，果肉红色，细腻多汁，酸甜可口，肉质较硬，鲜食品质极佳，耐运输。成熟期较红灯晚 20 天以上，果实成熟后可挂树延采近 1 个月而不落、不裂、不烂，品质不变。树体较大，树姿开展而速生，分枝多，以花束状果枝和 1 年生果枝结果为主。耐旱、耐寒。

（二）酸樱桃品种

1. 顽童 果实扁圆形，果个大，整齐一致，单果重 5.5 克。果皮浓紫红色或近黑色。果肉紫红色，细嫩多汁，酸甜爽口，鲜食品质佳。花后果实 50～55 天成熟。果实亦适宜加工。植株健壮，早果丰产，抗寒、抗旱，抗细菌病害，适应性强。

2. 相约 果实扁圆形，果个特大，单果重 8～9 克。果皮紫红色，果肉红色，细嫩多汁，软肉，酸甜适口，果汁红色，鲜食品质极佳。花后 50～60 天果实成熟，适宜加工。植株长势中庸偏弱，部分自花结实。结果早，较丰产，抗旱、抗寒力中等。

3. 美味 果实圆形，果个大，整齐，单果重 6～8 克。果皮红色，果肉玫瑰红色，细嫩柔软，具葡萄甜味，汁液玫瑰红色，鲜食品质极佳。花后 60～65 天果实成熟，适于加工。植株健壮，抗寒、抗旱力中等，对细菌性病害、褐腐病抗性中等。

4. 毛把酸 果实圆球形或扁圆形，果个小，平均果重 2.5～

2.9 克。果皮浓紫红色，具有蜡状光泽。果肉柔嫩多汁，酸甜，品质中上等。核小，离核。果柄基部常有苞片或小叶，为其典型特征。适应性强，抗寒、抗旱，耐瘠薄。

5. 斯塔克　树冠比普通型蒙特莫伦斯略小，适于机械采收。早熟性、丰产性均比蒙特莫伦斯好，其他特点与其相似，自花结果。不带樱桃黄矮病毒和环斑坏死病毒。

（三）中国樱桃品种

1. 大窝楼叶　产于山东省枣庄市齐村镇，因其叶片大而向后反卷，皱缩不平而得名。果实圆球形或扁圆球形，脐部微下凹，缝合线暗紫红色。单果重 1.5～2 克。果皮较厚，紫红色，易剥离。果梗中长较粗，果肉淡黄色、微红色，果汁中等多，肉质软，味甜微酸，有香味。离核。5 月上旬成熟，较耐瘠薄，抗干旱。

2. 崂山短把红樱桃　果实近圆球形，缝合线浅。果个较大，平均单果重 2 克。果皮深红色，中厚，易剥离；果梗短粗。果肉黄色，汁多，黏核，味甜，品质中上等。

3. 崂山樱珠　果实偏斜，宽心形，先端具小突尖，缝合线不明显。果个较大，平均单果重 2.8 克。果皮紫红色，中厚易剥离；果肉橙黄色，近核处粉红色，稍黏核，果汁多，味甜，品质上等。树体高大，喜肥水，不耐瘠薄干旱。

4. 大樱桃　果实宽心形，果肩微偏斜，果顶尖瘦。果个较大，平均单果重 2.1 克。果皮朱红色，皮厚韧，易剥离。果肉黄白色，近核处微红，肉质略有弹性，果汁中等多，味甜而微酸。离核，品质上等。树势强健，冠内易空虚。

5. 矮樱桃　果实圆球形。果柄短，果个中大，平均单果重 1.7 克。果皮深红色。果肉淡黄色，肉质致密，皮肉易分离，味甜，有香气。离核。丰产性好，适应性及抗逆性强，树体紧凑矮小，易早果丰产。

第二章
樱桃的生长结果习性

一、生长特点

（一）根 系

樱桃的根系因种类、繁殖方式、土壤类型的不同有所差异。中国樱桃实生苗无明显主根，整个根系分布较浅；甜樱桃实生苗根系分布深而比较发达；马哈利樱桃主根特别发达，幼树时须根亦较多，随植株生长，须根大量死亡，植株生长势明显下降，进入盛果期易发生死树现象；欧洲酸樱桃和库页岛山樱桃的实生苗根系比较发达，可发育3～5个粗壮的侧根；本溪山樱桃根系较发达，粗细根比例较合适，但对黏重、瘠薄土壤适应性差，不抗涝。同一种砧木，在不同土壤条件和土肥水管理条件下，其分布范围、根类组成和抗逆性均明显不同。扦插、分株和压条等无性繁殖的苗木没有主根，根量比实生苗大，分布范围广，且有两层以上根系。

史洪琴等研究了引种到贵州的几个樱桃品种［品种分别为乌皮（自根苗）、红灯、芝罘红、大紫、龙冠、先锋，甜樱桃砧木为ZY-1，均为9年生樱桃树，树高3.45～4.66米，冠幅3.63～5.21米，干径19.25～14.52厘米］的根系分布，结果发现，9年生樱桃根深可达90厘米的土层中，在离土表40厘米内

的各层土壤中，根系分布较稳定，在此范围内的根占据总数的79.12%。绝大部分根系分布在60厘米以内土层中，占92.48%，深度小于20厘米的土表中根接近一半。在土体的纵深方向，从10厘米起，随深度的增加，根越来越少，到40厘米有一明显的拐点，往下根大幅减少；9年生樱桃根在水平范围可伸达300厘米的土壤中，距中心干的距离越远，根就越少。在干周围50厘米的范围内，根系集中分布在40厘米以内，占92.31%。其中，水平距离30厘米内的根较均匀，0～10厘米、10～20厘米、20～30厘米根系分布分别占27.91%、28.79%、22.64%。

土壤条件和管理水平对根系的生长有密切关系。一般在土层深厚、疏松肥沃、透气性好、管理水平较高的情况下，根系发达，分布广。

肥料种类对甜樱桃根系的活力和形态建成都有影响。王金龙等以2年生盆栽甜樱桃幼树为试材研究了不同形态氮肥对樱桃根系活力的影响，结果发现尿素处理后植株发生大量白色肉质新根，粗度1～3毫米；硫酸铵处理植株多发生大量白色强旺新根，新根前后粗度一致；硝酸钾处理植株发生较多侧根，新根细弱。

因此，在生产上要注意选择根系发达的砧木种类和良好的土壤条件，并加强土壤管理，促进根系发育。

（二）枝　芽

樱桃芽的种类按其着生位置，可分为顶芽、侧芽（腋芽）；按其性质可分为花芽和叶芽两类。甜樱桃的顶芽全是叶芽；侧芽为叶芽或花芽。长中果枝及徒长枝的中上部侧芽均是叶芽；中、短果枝的下部5～10个芽多为花芽，上部侧芽多为叶芽。樱桃的潜伏芽是由副芽或芽鳞、过渡叶叶腋中的瘦芽发育而来，是侧芽的一种。

樱桃的萌芽力较强，不同种和品种之间的成枝力有所不同。中国樱桃和酸樱桃成枝力较强；甜樱桃成枝力较弱，一般在剪口

下抽生 3～5 个中、长发育枝，其余的芽抽生短枝或叶丛枝，基部极少数的芽不萌发而变成潜伏芽（隐芽）。甜樱桃的萌芽力较强，1 年生枝上的芽，除基部几个发育程度较差外几乎全部萌发，易形成一串短枝，是结果的基础。

樱桃的花芽为纯花芽，每个花芽萌发后可开 1～5 朵花，个别品种甚至可达 6～7 朵。开花结果后着生花芽的节位即光秃，不再抽生枝条。所以，在先端叶芽抽枝延伸生长过程中，枝条后部和树冠内膛容易发生光秃，造成结果部位外移，尤其生长强旺、拉枝不到位的树更是如此。

甜樱桃叶芽萌动一般比花芽晚 5～7 天，叶芽萌发后，有一短暂的新梢生长期，历时 1 周左右，展叶 4～5 片，形成一莲坐状叶片密集的短节间新梢。进入花期以后，新梢生长极为缓慢，短果枝和花束状果枝此期即封顶，不再生长。花期以后新梢进入旺盛的春季生长阶段。在甜樱桃幼旺树上，春梢生长一直延续到 6 月底至 7 月初。7 月中旬前后，秋梢开始生长。幼旺树剪口枝当年抽生新梢可达 2.5 米以上。

樱桃潜伏芽的寿命较长。中国樱桃 70～80 年生的大树，当主干或大枝受损或受到刺激后，潜伏芽便可萌发枝条更新原来的大枝或主干。甜樱桃 20～30 年生的大树其主枝也很容易更新。潜伏芽抽生的枝条多生长强旺，呈徒长特性，可用于骨干枝和树冠更新。

樱桃的枝条按其性质可分为营养枝（也称发育枝）和结果枝两类。樱桃的结果枝按其长短和特点分为混合枝、长果枝、中果枝、短果枝和花束状果枝五种类型。

（三）叶　片

随着春季温度的升高，樱桃萌芽后，叶片逐渐展开，同一片叶从伸出芽外到展开至最大需 7 天左右。叶片展到最大以后功能并未达到最强，此时从叶片外观上看比较柔嫩、叶薄，色嫩绿

至浅绿，叶肉结构尚不完善，叶绿素含量低。再经过 5～7 天的时间，叶片内部结构进一步完善，叶绿素含量增加，叶表的角质层和蜡质层也发育完善，此时叶片从外观上看颜色变深绿而富有光泽、较厚、有弹性，功能达到最强，称为"亮叶期"或"转色期"。之后，叶片的功能可保持较高的稳定水平直至落叶。新梢先端 1～3 片叶转色快、叶厚而亮、弹性好，说明植株养分供应充足而均衡。甜樱桃丰产园的叶面积指数在 2～2.6 为宜。

二、结果习性

（一）花芽分化

甜樱桃花芽分化的特点是分化时间早、分化时期集中、分化速度快。据李秀珍等以日光温室和露地栽培的 6 年生甜樱桃品种红艳为试材，采用石蜡切片法研究了温度对甜樱桃花芽分化的影响。他们的研究结果表明在露地条件下于果实成熟前后开始花芽分化，而日光温室条件下在硬核期开始花芽分化，较露地栽培早。日光温室中花芽的分化速度受温度的影响，在高温条件下花芽分化时间短，不同花序之间发育比较整齐，单花发育需 45 天左右；在低温条件下，花芽分化时间长，不同花之间差别很大，单花发育需 75 天左右。分化时期的早晚还与果枝类型、树龄、品种等有关。花束状结果枝和短果枝比长果枝和混合枝早；成年树比生长旺盛的幼树早；早熟品种比晚熟品种早。在进行摘心、剪梢处理的树上，二次枝基部有时也可分化花芽，形成一条枝上两段成花的现象。

（二）开花坐果

当日平均气温达到 10℃左右时，花芽便开始萌动。日平均气温达到 15℃左右时便开始开花，花期 7～14 天，长时 20 天，

品种间相差5天。中国樱桃比甜樱桃早25天左右，常在花期遇到晚霜危害，严重时绝产。

不同樱桃种类之间自花结实能力差别很大。中国樱桃自花结实（王白坡，1990），欧洲樱桃多自交不亲和，但酸樱桃和甜樱桃中都有自交亲和的品种，如甜樱桃中的 Stella、Compact stella、Lapins、Sunburst；酸樱桃中的 Meteor、Montmorenly、Favorit、Surefiredeng 等。樱桃的自交不亲和属配子体自交不亲和，花粉管的生长在花柱中受抑制而不能到达胚珠（Lansari-A，Iezzoni-A，1990）。因此，在建立甜樱桃园时要特别注意搭配有亲和力的授粉品种，并进行花期放蜂或人工授粉。

（三）果实发育

樱桃果实的生长发育期较短。中国樱桃从开花到果实成熟40～50天，甜樱桃早熟品种需30～40天，中熟品种需50天左右，晚熟品种需60天左右。樱桃的果实生长曲线为双S型。许晖（1992）等以甜樱桃品种那翁、黄玉、早紫为试材研究了果实重量的变化，结果表明甜樱桃果实重量的生长曲线为双S型，它有2个迅速生长期，在花后1～2周为果实第一迅速生长期，除胚和胚乳外，子房的各部分都迅速生长，果实增重快；此后进入果实缓慢生长期，其间胚、核壳迅速生长，胚不断发育充实，核壳逐渐硬化，此期长短与成熟期早晚相一致；此期过后进入果实第二个迅速生长期，此期果实生长量大于第一迅速生长期，成熟前达最大果重。Mizutani-F 等（1995）以中国樱桃为试材得出了相似的结果。

樱桃果实在发育的后期易裂果，甜樱桃、酸樱桃更是如此。关于樱桃裂果，国外研究比较多，影响甜樱桃果实裂果的因素有降雨量、温度、果实成熟度、可溶性固形物含量、果实膨胀度、气孔频率与大小、果实大小与硬度、果皮韧性、角质层特性、栽培措施（如浇水、修剪、砧穗结合等措施）等。矿质元素、植物生长调节剂、抗蒸腾剂、表面活性剂和覆盖等措施都可减少裂果。

第三章
樱桃的需肥规律

一、需肥特点

（一）需肥时间相对集中

甜樱桃具有树体生长迅速、发育阶段性明显而集中的特点，尤其是结果树，新梢的生长与果实的发育基本同步，都集中在生长季的前半期，而花芽分化又开始于果实硬核前后，分化进程较快而且相对集中，养分需求主要集中在生长季的前半期，因而梢果争夺养分的矛盾突出。因此，施肥应根据树势、树龄确定施肥种类和施肥量。

（二）对肥量变化较敏感

樱桃生长速度快，年生长量大，叶片肥厚而大。一旦某种营养元素不足或过量，就会很快在叶片上表现出来，影响整个树体的营养结构，进而影响树体正常的生长发育。尤其对氮、钾肥非常敏感，需钾量大。樱桃对氮、钾肥的过多或不足特别敏感，幼树期氮过量，易徒长而不易成花，结果迟，落果严重。盛果期氮不足，易引起树势早衰；钾不足又影响果实发育和品质。在年周期发育过程中，需氮、磷、钾的比例为 $1:0.15:1.2$，由此看出，

甜樱桃需钾量最大。

（三）需肥种类多样化

樱桃对土壤状况要求比较严格，长时间单施一种或两种肥料会改变土壤的理化性状，影响樱桃根系的正常吸收功能，从而影响植株生长发育。在生产中要注意施肥的全面性，要有机肥、无机肥配合施用，大量元素肥料、微量元素肥料配合施用，土壤施肥和叶面喷肥相配合。

（四）根系发达，吸收力强

樱桃实生砧的根系发达，侧根和须根较多，吸收力强，但根系在土壤中分布层浅，多集中在地表下20～35厘米的土层中。如营养不足，就会影响树势、产量、品质和寿命。因此，施肥时宜深不宜浅，否则易引起根系上浮。

（五）喜微酸性至中性土壤

甜樱桃最适宜的土壤 pH 值为 6～7.5，适合在土层深厚、土质疏松、通气良好、保水力较强的沙壤土或壤土上栽培。

二、不同长势树与施肥的关系

（一）生长类型

1. 健壮树　进入结果期的甜樱桃树，新梢长度均应在 20 厘米左右，而且有一定的粗度，节间短，花芽大而丰满，一个花束状短果枝着生有 7 个以上花芽。

2. 徒长树　新梢粗而长，芽不饱满，秋季落叶晚，主要是因土壤中氮素过多，或施用氮肥或富含氮的肥料过多，特别是在

晚春时节施用了过多富含氮肥的农家肥，引起枝条徒长。

3. 衰弱树　新梢生长量小，叶长、颜色淡。导致这种现象的原因主要有：淹水或追施未腐熟农家肥而造成根部伤害，或是土层薄，易干旱（得不到营养）。花开放不整齐且花朵小，柱头短，不完全花（柱头极短或双柱头）多，这是由于上年花芽分化不充分引起的。

4. 坐果率低的树　从硬核期开始，果实逐渐萎缩，果皮由绿变黄，最后脱落。把落果的果核剥开，可以发现胚珠已退化，这主要是硼元素严重缺乏、土壤 pH 值过高引起的，当土壤干旱时生理落果更易发生。

（二）不同长势树的需肥特点

1. 健壮树　树势中庸偏强，新梢长度均在 20 厘米左右，花芽大而充实，花簇状枝花芽在 7 个以上。花期早而开花整齐，坐果率高，生理落果轻，果实大且着色好，叶片从开始展开到生育中期总保持着浓绿，叶片老化较齐且于 11 月中旬脱落。此类型树要求土壤排水与保水兼顾，40～60 厘米土层（根系集中分布区）富含腐殖质。

2. 徒长树　树干粗壮，但花芽形成的不好，即使形成了花芽，1～2 年后也将消失。另外，此类树花芽大，但坐果率低，生理落果比衰弱树轻些，果实大而且良好，新梢长度多在 30 厘米以上，叶色在整个生育期内始终不浓绿。到了 11 月中旬，叶片脱落迟缓，新梢尖端的叶片残留到霜冻之后。在土质肥沃但排水性差的地方，或是氮过多，施用了未腐熟堆肥而后劲较足的果园容易出现这种现象。对这类树，要改善排水条件，少施富含氮的肥料，有机肥要充分腐熟后再施用。

3. 衰弱树　与同年生健壮树相比，树干细，新梢只有在树上端才有伸展，特别是花簇状枝的新梢几乎没有生长量，花芽数

在 3 个以下的占多数，花瘦小，花期不齐，坐果率低。这是由于果园土层薄，有机质含量低、养分含量少，保水能力差，易干燥，植株生长量小，树体养分储存不足，花芽分化差。对应的措施是改善排水条件和培肥土壤，采收后施肥，促进花芽分化和树体养分储存。

第四章
土壤肥力及其提高措施

一、土壤肥力及肥力诊断

（一）土壤肥力的概念

土壤肥力是土壤的基本属性和土质的特征，是土壤从养分条件和环境条件方面供应和协调作物生长的能力，是决定作物产量高低的基础。要提高作物产量，首先要提高土壤肥力，而不是依靠增加肥料。只有在高肥力的条件下，才能达到稳产、高产，又能节约肥料。

（二）土壤肥力的产生、消耗和恢复

1. 产生　土壤是地球表面陆地上能够生长作物的疏松表层，它是由地球表面的岩石经物理的、化学的、生物学的风化作用，加上雨水的淋溶，有机质不断的分解与合成，土壤中的腐殖质就积累起来，使土粒形成"团粒结构"，变成了疏松的表层，能够同时解决作物需要的水、肥、气、热。水、肥、气、热被称为土壤肥力因素。这些因素之间的矛盾协调得越好，土壤肥力就越高。

2. 消耗　在一块土地上种植作物，因作物生长、结果需要不断从土壤中吸取它所需要的营养物质，土壤肥力便被逐渐消

耗，如所消耗的土壤肥力得不到补充，肥力就逐渐下降，最后就枯竭了，也就不能再种植作物了。

3. 恢复　由于农业生产而使土壤肥力受到破坏，而要可持续地进行农业生产，就必须使土壤肥力得到恢复。长期农业生产实践证明，施用肥料可以保持和提高土壤肥力。

在施用肥料时必须坚持"养地与用地相结合，有机肥与无机肥相结合"。在有一定土壤肥力的条件下，施用化肥可起到明显的增产作用，但随着土壤有机质的消耗，土壤团粒结构的破坏，协调水、肥、气、热的能力降低，表现为肥力衰退，施用化肥的增产作用也越来越小。所以，不管化肥的施用量达到什么水平，仍必须施用一定数量的有机肥料。施用有机肥料不仅可以补充土壤有机质的消耗，而且可以改善土壤的保肥性能。国内外长期试验也证明，单施化肥不利于土壤肥力的提高。化学肥料之所以不能代替有机肥料，是因为土壤肥力并不单是为作物提供营养元素，而是有机质的积累产生了土壤团粒结构，协调了土壤中水、肥、气、热各肥力因子的矛盾，为作物吸收养分创造了最有利的环境条件。

同时，土壤肥力一直处于动态变化之中，即土壤有机质分化和合成矛盾的统一。分化就是养分的释放（供作物吸收），合成就是养分的固定（养分的保存），这些活动是指土壤微生物的活动，如果这种活动一旦停止，那么土壤有机质就成为"死有机质"，与无机物没有什么区别。微生物的活动必须有能源，要依靠施用新鲜的有机肥料，激发土壤潜在肥力，特别是能提高土壤磷、钾的供肥强度，并能降解土壤残留农药和络合有害的重金属。不重视有机肥料的施用就会出现新的低产田。偏施、滥施化肥是土壤沙化、次生潜育化、退化、污染和水土流失的主要原因。

（三）土壤肥力的形态诊断

1. 土壤颜色　色深黑、油润有光泽的是肥土，浅灰色的是

瘦田。

2. 土层深浅 肥田耕作层深达 19.8～23.1 厘米，瘦田耕作层薄。

3. 耕作难易 黏土肥田松软易耕作，干耕土块易碎，湿耕不黏犁，瘦田土质黏韧，耕作费力。沙土，肥、瘦耕作都易，但瘦田土松散无团粒结构，易板结。

4. 表土裂缝 肥田裂缝小，反之，裂缝大。

5. 保水能力 肥田浇水后，水慢慢下渗，干旱时水又上升；瘦田水不易下渗，而沿裂缝很快渗漏，土壤中含水量少。

6. 夜潮现象 肥田有夜潮现象，不易晒干晒硬；瘦田没有夜潮现象，只有表土湿润而底土干燥。

7. 看水质 肥田水滑腻、黏脚，在日晒时易产生大气泡；瘦田水清淡无色，水面不起泡，或泡小易散。

8. 保肥供肥能力 肥田保肥、供肥能力强，瘦田易漏水、漏肥，供肥、供水能力低。

（四）土壤肥力的生物鉴定

土壤肥力生物鉴定，见表 4-1。

表 4-1 土壤肥力生物鉴定

土 壤	指示植物	指示动物
肥 田	荠菜、狗尾草	蚯蚓
瘦 田	蓬头草、茅草	大蚂蚁

（五）土壤质地的诊断

土壤质地手测法判断，见表 4-2。

表4-2　土壤质地手测法判断

土质名称	干时状态	湿时状态
沙　土	干时手摸有粗糙沙粒，可明显看见不成团，倘有小团，轻压即碎	湿时不能搓成球，紧握成团放手即散
沙壤土	肉眼看见沙粒，部分成块，稍用力挤压即碎	湿时可搓成小球，但球面粗糙易散，难以搓成指头粗的圆条
壤　土	大部分成块成团，用力挤压可破碎	湿时可搓成粗约0.33厘米的团条，但提起即断裂
黏壤土	成硬块，要大力挤压才能破碎	湿时可搓成细圆条，但弯成直径2～3厘米小圆环时，发生裂缝碎断
黏　土	成坚硬土块，手指用力难捏碎	黏韧滑腻，搓成细条，弯成小圆环时不断，弯处无裂缝

二、培肥土壤的措施

　　肥沃的土壤是果树优质丰产的基础，培肥土壤可以增强树势，提高果品产量及改善果实品质，土壤有机质是组成土壤肥力的核心物质，直接或间接增加土壤有机物料，都是提高土壤肥力的有效途径。但提高土壤肥力，不要局限于提高土壤有机质数量，而要重视土壤腐殖质的更新与活化，土壤腐殖质的增减是个漫长的过程，绝不能在短期内就有大量的增减，因此培肥土壤是一个长期的过程。以下措施可有效地培肥果园土壤。

（一）栽植穴施肥

　　栽植前将轻质、肥沃的耕层土壤与占土壤总量1/3～1/2的腐熟鸡粪、猪粪或牛粪等充分混匀后回填栽植穴，改善土壤物理性状，提高土壤微生物活性，有利于幼树成活和生长发育。在苹果生产中的实践证明，定植前施肥可使产量增加10%～33%。

（二）果园种草

1. 果园种草的优点

（1）**保持水土，防止水土流失**　果园种草后能有效接纳和拦截雨水，减少雨水冲刷和地表径流。据研究幼龄果园间作牧草可减少地表径流30%～50%，减少土壤侵蚀量65%～90%。

（2）**改良土壤**　果树与牧草合理间作，土壤相对含水量得到较大幅度提高，可以提高作物抵御干旱的能力。豆科牧草的根瘤菌具有独特的固氮作用，同时大多数牧草生长量较大，反复收获可以进行秸秆还田，有利于土壤综合肥力的提高。果树与牧草合理间作，地表得到高度覆盖，杂草生长得到有效控制，减少了土壤的铲耪次数，土壤结构得到保护，有利于作物连续丰收。据陈志萍等研究甜樱桃园生草4年后生草区的较清耕区的土壤有机质含量增加25%，速效氮含量增加83.7%，速效磷含量增加127%，速效钾含量增加100%。

（3）**减少病虫害**　大量的研究认为，种草有利保护害虫天敌，可以减轻病虫危害。姜玉兰等研究发现果园种草后，害虫天敌小花蝽、瓢虫、草蛉、六点蓟马、蜘蛛、捕食螨等种类和密度较清耕区显著增加，在5～6月份对苹果蚜虫、螨类和其他害虫的控制率分别达到72.26%～85.31%、32.59%～66.86%和45.64%～57.16%。

（4）**提高产量和品质**　果园种草为果树的生长发育创造了良好的小气候，改善了土壤环境，同时间种的草本植物可以通过分泌有机酸溶解土壤难溶的营养元素，有利于果树对营养物质的吸收，因而能促进果树根系和新梢的生长，使树冠体积和干周增加，提高果树的光合效率，叶片肥厚，花芽增多，坐果率提高，果实品质提高。据陈志萍等研究生草4年后生草区比清耕区甜樱桃的新梢长度和粗度分别增加了35%和43.7%，平均单果重增加了18.5%，平均株产增加了18%。

（5）**增加收益**　一般每667米^{2}果园可收获鲜草2 000～4 000千克，定期剪割，不但能防止草本植物的徒长，还可为家禽和家畜提供有机青饲料的来源，节省养殖与畜牧的饲料成本，并且用青饲料饲养的家畜、家禽品质更高，具有更高的经济价值。

2. 适宜草种

（1）**适宜草种的特点**　适宜在果园种植的草种最好具有以下几个特点：①草的高度宜低矮，但生物量要大；②茎叶呈匍匐茎状，覆盖率高；③草的根系应以须根为主，最好没有粗大的主根，或虽有主根但在土壤中分布不深；④没有与果树共同的病虫害，能栖宿果树害虫的天敌（如七星瓢虫）更好；⑤地面覆盖的时间长而旺盛生长的时间短，以缩短果、草争夺水分与养分的时间；⑥耐阴耐践踏，且适应范围广；⑦土壤经覆草后，肥力效果好。

（2）**适宜草种**　根据适宜在果园种植的草种特点，可以选种多年生豆科或禾本科牧草，如扁茎黄芪、百脉根、美国苜蓿、白三叶草、沙打旺、意大利黑麦草、鸭茅等。

①扁茎黄芪　茎叶完全匍匐地面，枝叶繁茂重叠，层下叶片陆续脱落腐烂，使地面经常保持湿润、温凉和疏松，堪称为土壤的"活被子"。茎叶春季萌芽晚、6月份前生长缓慢的特点，正好减缓了与果树春季展叶、开花和新梢生长对水分、养分的争夺。此外，它还有抑制杂草、耐旱、耐阴、耐踩、管理省工、保持水土与改良土壤及调节果园小气候等优势。

②百脉根　无明显主茎，呈匍匐状，茎叶纵横交叉，上下重叠，形成厚密的覆盖层，有利于稳定夏日低温，抑制杂草生长。侧根多而发达，类似禾本科的须根群簇拥在茎下方1～25厘米的土层中，在细根、须根上根瘤密布，具有强大的固氮肥地作用。抗逆性强，耐寒（-2℃），适应性广，既是优质饲草，又是理想的观光果园或缀花地被植物。

③白三叶草　茎长、光滑、细软，匍匐生长，能节节生根，并长出新的枝叶，形成密集的低矮厚草层。主根短，侧根发达；

根系埋土深，不易与果树争水肥；1年覆盖期长达8～9个月，即使在冬季，地表仍有一层厚厚的青黄相间的草丛和落叶，从而使夏季高温不过高，冬季低温不过低，延长果树根系对养分的吸收时间，有助于果树增产。但其喜温、喜湿，生长的适宜温度为24℃，年降水量不得少于600毫米。

④黑麦草　禾本科草本植物，在春、秋季生长繁茂，草质柔嫩多汁，适口性好，是牛、羊、兔、鸡、鹅等的好饲料。供草期为10月份至翌年5月份，每667米^{2}产量可达5 000～7 000千克，夏天不能生长。须根发达，但入土不深，丛生，分蘖很多，黑麦草喜温暖湿润土壤，适宜土壤pH值为6～7。该草在昼夜温度为12～27℃时再生能力强，光照强，日照短，温度较低对分蘖有利，遮阴对黑麦草生长不利。黑麦草耐湿，但在排水不良或地下水位过高时不利于黑麦草生长。

⑤鸭茅　禾本科鸭茅属多年生草本植物，须根系，茎直立或基部膝曲，疏丛型，高70～120厘米，基部叶片密集下披，长20～30厘米，宽0.7～1.2厘米。圆锥花序，开展，长5～20厘米。小穗聚集于分枝的顶端，含2～5朵小花。种子黄褐色，长卵圆形，千粒重1～1.2克。1年可刈割2～3次，每667米^{2}可产鲜草2 000～3 000千克。

3. 种植技术

（1）**播种**　果园生草有单播也有混播。秋天和春天都可播种，都要尽早播种，以便幼苗能充分生长发育，抵抗夏季的干热或冬季的低温。播种深度以0.5～1.5厘米为好，播种方法可以整地撒播或条播，也可以免耕播种，由于草种出苗率较低，一般应超量播种，以减少杂草侵害。一些不易萌发的种子可进行温水催芽处理，播后应覆盖杂草或浇水以防干旱或冻害，种子出苗后应注意防止杂草竞争。

（2）**肥水管理**　在幼苗期，要勤除杂草，追施少量氮肥，促使草尽快覆盖地面。成苗后，需要补充少量磷、钾肥，促进植株

健壮生长。另外，要根据气候条件适时浇水，这样不仅可以缓解草、果争肥争水的矛盾，而且可加快草被的建植速度，达到果园生草的目的。

（3）**更新**　更新的主要措施是刈割和翻压。为避免草茎过高造成果园行间郁闭，一般在草高60厘米时要进行刈割，1年割4～6次。对宿根性植物，刈割留高在20厘米左右，以便其再生。新种植的草被在最初几个月最好不割，待草根深扎、营养体增加到一定程度后再割，以防杂草侵害。割下的草可就地覆盖，也可作牧草饲料使用。每次刈割后都要补充肥水。生草5～7年后，草已老化，应及时翻耕，休闲1～2年后重新播种。深翻的时期以晚秋为宜，并需注意防止损害果树根系。

（三）秸秆覆盖

1. 秸秆覆盖的优缺点　覆盖可防止水土流失，抑制杂草生长，减少水分蒸发，防止土壤返碱，积水保墒，减小低温季节昼夜温差幅度，增加有效态养分，增加土壤有机质；并能防止磷、钾和镁等土壤固定而成无效态，对土壤团粒结构的形成也有显著效果，因而有利于果树生长发育。但长期覆盖，常会招致病虫及鼠害，且造成根系上浮。

2. 秸秆覆盖的方法　在树冠下或稍远处覆以杂草、秸秆等材料。一般覆草厚度为10厘米左右，覆草后逐年腐烂减少，要不断补充鲜草。平原、山地果园均可采用。

（1）**时间**　1年覆盖2次，即在晚秋与早春进行。晚秋覆盖是在果树秋施基肥、浇封冻水后进行；春季覆盖是在2月土壤化冻后覆膜。

（2）**方法**　在树冠下或稍远处做里低外高的浅盘状，用干、鲜草或收割后的农作物秸秆（切成5厘米左右）平铺在地面上。第一年每667米^{2}用秸秆量为1000～1500千克，以后每年每667米^{2}用秸秆量600～800千克，秸秆覆盖厚度一般15～25厘

米。覆1次2～3年有效。秸秆覆盖在树盘内，同时在树干周围留出直径40厘米的空间，以便于夏天排涝和预防冬春火灾发生。为解决覆秸秆后果树暂时缺氮问题，覆盖前每667米²比常规多施尿素15～20千克。覆盖3～4年后可将秸秆翻入地下，同时再进行新一轮覆盖。

（3）**注意事项**　覆盖时间宜在2月份土壤化冻后，或在麦收后和秋季，秋施基肥、浇冻水后。切勿在春季土壤温度上升期覆盖。根干周围40～50厘米范围内不要覆秸秆。果园覆盖应在深耕改土基础上进行，并施入一定量的速效氮肥。覆盖果园要有良好的排水系统，以防多雨年份造成土壤湿度过大，影响根系发育和果树生长。秸秆覆盖后，由于生态环境的变化，病虫种群及其发生规律也将相应地发生变化。因此，应对果园进行系统的病虫预测预报，制定出相应的综合防治措施。

另外，秸秆覆盖也可与果园种植食用菌如草菇相结合，既发展了果园的立体经济，增加了收入，又解决了秸秆覆盖的成本问题，同时用栽培食用菌的下脚料覆盖地面，可保墒蓄水，减少地面蒸发，抑制杂草生长并能培肥土壤。

（四）增施有机肥

有机肥养分全面，富含有机质、氮、磷、钾及微量元素，增施有机肥是培肥土壤，防止土壤缺素、盐渍化的有效措施之一。

有机肥的种类、施用效果、施用方法及施用量见后面几章。

（五）适量追肥

根据土壤的肥力状况及樱桃树的吸肥规律，合理追肥，均衡施用氮、磷、钾和微量元素肥料，避免过量施用氮肥，可有效地节约肥料，提高肥效，增加产量，提高果品质量。

追肥的时期、种类、施用效果、施用方法及施用量见第六、第七章。

第五章
肥料种类及其对樱桃发育的影响

一、肥料种类

肥料是指向作物提供养分并提高其产量和品质的物料。理想的肥料不仅能及时地供给作物养分，提高其产量和品质，还能改良、培肥土壤，为作物的生长提供良好的土壤条件。目前，在生产中使用的肥料品种很多，但由于其分类标准不同，肥料也被分为不同的类别，常见的分类方法有以下几种。

（一）按肥料的化学组成分类

（1）**有机肥料** 是指主要来源于植物和（或）动物，施于土壤以提供植物养分为主要功效的含碳物料。如人粪尿、畜禽粪、堆沤肥、绿肥、城镇废弃物、土壤接种物等。

（2）**无机肥料** 标明养分呈无机盐形式的肥料，由提取、物理和（或）化学工业方法制成。如尿素、硫酸铵、碳酸氢铵、硫酸钾、磷酸一铵、磷酸二铵、过磷酸钙、氯化钾、硫酸镁、钙镁磷肥、硼砂、硫酸锌、硫酸锰等。

硫黄、氰氨化钙、尿素及其缩合产品，骨粉、过磷酸钙，习惯上归为无机肥料。

（3）**有机、无机肥料** 是指标明养分的有机和无机物质的产品，由有机肥料和无机肥料混合和（或）化合制成。

（二）按肥效的作用方式分类

1. 速效肥料 养分易为作物吸收、利用，肥效快的肥料。如硫酸铵、碳酸氢铵、过磷酸钙、重过磷酸钙、硫酸钾、氯化钾、硝酸铵、硝酸钾等。

2. 缓效肥料 养分所呈的化合物或物理状态，能在一段时间内缓慢释放，供植物持续吸收利用的肥料，包括缓溶性肥料和缓释性肥料。

（1）缓溶性肥料 通过化学合成的方法，降低肥料的溶解度，以达到长效的目的。如尿甲醛、尿乙醛、聚磷酸盐等。

（2）缓释性肥料 在水溶性颗粒肥料外面包上一层半透明或难溶性膜，使养分通过这一层膜缓慢释放出来，以达到长效的目的。如硫衣尿素、包裹尿素等。

（三）按肥料的物理状态分类

1. 固体肥料 呈固体状态的肥料。如尿素、硫酸铵、过磷酸钙、钙镁磷肥、氯化钾、硫酸钾、硼砂、硫酸锌、硫酸锰等。

2. 液体肥料 悬浮肥料、溶液肥料和液氨肥料的总称。如液氨、氨水、沼液等。

3. 气体肥料 常温、常压下呈气体状态的肥料。如二氧化碳。

（四）按作物的需求量分类

1. 必需营养元素肥料

（1）大量元素肥料 是利用含有大量营养元素的物质制成的肥料，指氮肥、磷肥和钾肥。

（2）中量元素肥料 是利用含有中量营养元素的物质制成的肥料，常用的有镁肥、钙肥、硫肥。

（3）微量元素肥料 是利用含有微量营养元素的物质制成的

肥料，常用的有硼肥、锌肥、钼肥、锰肥、铁肥和铜肥。

2. 有益营养元素肥料　有益营养元素肥料是利用含有益营养元素的物质制成的肥料，常用的是硅肥。

二、无机肥的作用与种类

肥料是农作物的食粮，在农业生产中占有重要的地位。因此，了解肥料的营养作用，掌握各种肥料的成分、性质及其有效的施用方法，对合理施用各种肥料、充分发挥肥料的增产效益具有重要意义。

（一）氮素化肥

1. 氮素的作用　氮是作物体内许多重要有机化合物的组分，如蛋白质、核酸、叶绿素、酶、维生素、生物碱和一些激素等都含有氮素。氮素是蛋白质的重要成分，是核酸、核蛋白及叶绿素的组分元素，也是许多酶的组成成分。

氮对植物生命活动及作物产量和品质均有极其重要的作用。合理施用氮肥是获得作物高产的有效措施。

2. 氮肥的种类及施用　根据氮肥所含氮的形态，可分为铵态氮肥、硝态氮肥、硝—铵态氮肥、酰胺态氮肥及氰氨态氮肥5大类。根据氮肥的作用强度、肥效期的长短，又可将氮肥分为速效氮肥和缓效氮肥或长效氮肥等。

（1）铵态氮肥　液体氨、氨水、碳酸氢铵、长效碳酸氢铵、硫酸铵、氯化铵均系铵态氮类化肥。它们的共同特点是氮呈铵离子（NH_4^+）状态存在，易被土壤胶体吸附和作物吸收利用，不易流失，遇碱性物质极易引起氨（NH_3）的挥发损失；在偏碱性土壤中及通气条件下，则易被微生物转化为硝态氮。樱桃树常用的铵态氮肥有以下几种。

①碳酸氢铵　碳酸氢铵（NH_4HCO_3）简称碳铵，含氮16.5%～

17.5%，呈白色粉末状结晶。易吸湿、易溶于水，水溶液呈碱性，pH 值 8.2～8.4，吸湿后易结块。碳铵在常温常压下比较稳定，但当碳铵含水量大、空气湿度大或气温高时，易分解成氨气，导致氮素大量的损失。所以，在贮运过程中要保持低湿干燥、严密包装，施用时用一袋开一袋，深施盖土以防止氮素损失，施肥深度因土壤质地而异，黏质土为 10～15 厘米，壤质土为 14～15 厘米，沙质土为 12～18 厘米。

碳铵可作基肥和追肥，肥效稳定、持久。碳铵施入土壤后，分解生成铵根离子（NH_4^+）和碳酸氢根离子（HCO_3^-）。铵离子与土壤胶体表面的阳离子交换而被土壤吸附。残存的 HCO_3^- 可为樱桃提供所需的碳源。

②硫酸铵　硫酸铵 $[(NH_4)_2SO_4]$ 简称硫铵，含氮 20%～21%，是一种含有氮、硫营养成分的肥料。产品为白色结晶，易溶于水，水溶液呈酸性，吸湿性小，物理性状良好，便于贮存、施用。但长期贮存在湿度大的环境，加之产品游离酸含量较高时，也会吸潮、结块。在高温多雨季节应妥善保管，以防吸湿结块。

硫铵比较稳定，在常温常压下不会分解。硫铵可作基肥和追肥施用，硫铵施入土壤后，很快溶于土壤溶液，分解成铵离子和硫酸根离子。作物吸收 NH_4^+，硫酸根离子残留于土壤中，使酸性土壤酸化；施入碱性土壤，硫铵与土壤中的碳酸钙发生反应，引起氨的挥发。在好气条件下，硫铵在土壤中还可以由硝化细菌作用而生成硝酸和硫酸。在厌氧条件下，$(NH_4)_2SO_4$ 还可被反硝化细菌还原为游离氮（N_2、N_2O）而损失。因此，硫铵也必须深施。与有机肥料配合施用，效果更好。

③氯化铵　氯化铵（NH_4Cl）简称氯铵，含氮 24%～25%，是一种白色结晶。物理性状较好，不易结块，吸湿性小，但比硫酸铵大，易溶于水。氯化铵对热反应比硫铵更稳定，常温下不易挥发，只有温度达到 340℃时才会自行分解释放出氨。

氯化铵施入土壤后分解产生铵离子（NH_4^+）和氯离子（Cl^-）。

NH_4^+ 被土壤胶体吸附和部分被作物吸收。在酸性土壤上，NH_4^+ 与土壤胶体上的氢离子（H^+）进行交换反应时，氯离子即与氢离子结合，使土壤酸化。在碱性土壤上施用氯化铵，NH_4^+ 与土壤胶体表面的 Ca^+ 进行交换，进入土壤溶液的 Ca^+ 与 Cl^- 作用，生成氯化钙。氯化钙易溶于水，可被雨水或随灌溉水淋洗掉，但在干旱地区或排水不畅的盐碱土地区，长期大量施用氯化铵，会使土壤氯化钙不断积累，增加土壤的盐浓度，对作物生长不利。因此，石灰性土壤的低洼地、干旱地区及盐碱地最好限量施用或不施用氯化铵。

（2）硝态氮及硝铵态氮肥　　氮肥中主要成分含有硝酸根（NO_3^-）的肥料称硝态氮肥，而既含有硝酸根，又含有铵态氮的肥料称硝—铵态氮肥。这类肥料包括硝酸钠（$NaNO_3$）、硝酸钙 $[Ca(NO_3)_2]$、硝酸铵（NH_4NO_3）、硝酸铵钙（$NH_4NO_3 \cdot CaCO_3 \cdot MgCO_3$）等。这类肥料的共同特点是都含有硝酸根，施入土壤后，迅速解离呈硝酸根离子（NO_3^-），硝酸根可被作物直接吸收，却不能被土壤所吸附，故移动性大。

①硝酸钠　是一种白色、浅灰色或黄棕色结晶，含氮15%～16%，易溶于水，其水溶液呈碱性，易吸湿结块，贮存过程中应注意防潮、防水。

硝酸钠施入土壤后，迅速解离呈硝酸根离子（NO_3^-）和钠离子（Na^+）。在酸性土壤上，Na^+ 与胶体 H^+ 进行交换反应，生成硝酸；而在盐碱土壤上，中性或石灰性土壤上则会使钙和镁被交换出来造成淋失。作物在吸收 NO_3^- 的同时，不断排出 HCO_3^-。HCO_3^- 与土壤中 Na^+ 结合，生成碳酸氢钠，使土壤碱化，属生理碱性肥料。

硝酸钠宜用于酸性土壤，不宜用于盐碱土、石灰性土壤、多雨地区。硝酸钠可用作基肥、追肥，须深施。

②硝酸钙　硝酸钙是一种白色或灰褐色颗粒，含氮量12.6%～15%。易溶于水，水溶液呈碱性。吸湿性强，易结块，贮运中须

防潮。硝酸钙同硝酸钠一样，也属生理碱性肥料，有中和土壤酸性的作用。与硝酸钠不同的是硝酸钙解离出的 Ca_2^+ 与土壤胶体上面的阳离子进行交换，使酸性土壤中的 H^+、盐渍土壤上的 Na^+ 交换下来，有助于改善土壤的理化性质。硝酸钙宜在缺钙的旱地土壤、酸性土壤和盐渍土壤上施用。

③硝酸铵　简称硝铵，含氮量34%。其产品有两种：一种是白色粉状结晶，吸湿性很强，易结块，特别是在高温多雨季节会吸湿成糊状；另一种是白色或浅黄色颗粒，在硝酸铵颗粒表面有一些疏水填料作防潮剂，使用方便，易存放，吸湿性弱，不易结块。硝铵的溶解度大于碳铵、硫铵、氯铵，水溶液呈中性。在贮存、运输过程中，要注意防水、防潮，严禁与金属物质接触。结块的硝铵不能用木棍、铁棒击打，否则，易爆炸。

硝铵施入土壤后，解离成铵离子（NH_4^+）和硝酸根（NO_3^-）离子，两者均易被作物吸收，无任何副成分。可作追肥和基肥，一般穴施或沟施，施入后覆土盖严。

④硝酸铵钙　硝酸铵钙是由硝酸铵与一定比例的碳酸铵、白云石混合、熔融而成，是一种灰白色或浅褐色颗粒，含氮量一般为20%～25%。物理性状好，吸湿性小，不易结块。同时含有 N、Ca、Mg 等营养成分，可以作追肥和基肥施用，施用方法与硝酸铵相同。

（3）酰铵态氮肥（尿素）　尿素与其他氮肥不同，是一种化学合成的有机酰胺态氮肥，也是氮肥中含量最多、浓度最大的优质氮肥。含氮量46%，为白色针状或颗粒状结晶。尿素易溶于水，溶解时有强烈的吸热反应，水溶液呈中性。吸湿性弱，不易结块。但在高温高湿季节，也会吸潮结块，贮存时应放在干燥阴凉处。

尿素施入土壤后，在土壤微生物的作用下，分解转化成碳酸铵 $[(NH_4)_2CO_3]$ 后被作物利用。可作基肥、追肥、叶面肥施用。

尿素可与磷酸二氢钾、磷酸铵、磷肥及杀虫剂、杀菌剂配合施用，同时达到施肥、防虫、防病的效果。

（二）磷素化肥

1. 磷素的作用　磷在植物体内的生理作用主要表现在以下几个方面：一是它是多种重要化合物的成分；二是参与体内的物质代谢；三是提高作物抗逆性和适应能力，如抗旱、抗寒等。

2. 磷肥的种类及施用

（1）过磷酸钙　过磷酸钙 $[Ca(H_2PO_4)_2 \cdot H_2O]$ 简称普钙，含 P_2O_5 12%～20%，一般呈灰白色或浅灰色粉末，还含有磷酸、硫酸等少量游离酸和铁、铝等杂质。具有一定的吸湿性，产品中若游离酸含量过多，易吸湿结块，物理性质变差，并有腐蚀性，手感黏滑。因此，普钙应存放在通风干燥处。

普钙是一种水溶性的速效磷肥，适用于各种土壤，可作基肥和追肥。但普钙极易被土壤固定，移动性又很小。普钙的施用必须尽可能地减少肥料与土壤的接触面，增加与作物根系的接触机会，以提高磷的有效性。施用时可集中施用，既可穴施或开沟施，也可与堆沤肥混合均匀后沟施，还可将普钙配制成1%～3%水溶液作叶面肥施用。

（2）重过磷酸钙　重过磷酸钙 $[CaH_4(PO_4)_2 \cdot H_2O]$，含 P_2O_5 36%～54%，是普钙的2～3倍。重过磷酸钙不含石膏，是一种水溶性的高浓度磷肥。一般呈颗粒状或粉末状，水溶液呈酸性。成品中含4%～8%的游离酸，酸性、吸湿性、腐蚀性均高于普钙。重过磷酸钙不含铁、铝、锰等杂质，吸湿潮解后不会发生磷酸的退化现象。重过磷酸钙在土壤中的转化与普钙相同。

重过磷酸钙的用法与普钙相同，但需要注意的是重钙含磷量高，施用量应比普钙减少2/3左右。

普钙、重钙均不能与碱性物质如碳酸氢铵、氰氨化钙、草木灰、窖灰钾肥及弱酸性磷肥等混合，否则将降低磷的有效性。

（3）**钙镁磷肥** 钙镁磷肥是由磷矿和含镁、硅的矿石混合后，在高温下（大约1350℃以上）熔融，使难溶性含磷物质结构破坏、脱氟、冷却、磨细而成。颜色为墨绿色或棕色粉末，呈碱性（pH值8～8.5），不溶于水，不吸潮，不结块，无腐蚀性，便于包装和贮运。

钙镁磷肥是枸溶性磷肥，施入土壤后移动性很小。在酸性条件下（pH值＜6.5时），钙镁磷肥可逐渐转化为易溶性磷酸盐。

钙镁磷肥宜作基肥施用，不能与碳酸氢铵、氨水、氯化铵、粪、尿混合后施用，以免引起氮素的挥发损失。基施、追施均可撒施、条施、穴施、全层深施，与有机肥混合堆沤后施用效果更佳。

（4）**磷矿粉** 磷矿粉是由含磷矿石直接经机械粉碎磨细而制成的一种灰褐色粉末状磷肥。70%以上的磷只溶于强酸，是一种难溶性的迟效肥料。磷矿粉在土壤中的转化与土壤酸碱度关系密切；在酸性土壤上，磷矿粉的溶解能力较强，增产效果比较明显，肥效与过磷酸钙相当。在石灰性土壤上，仅靠根系分泌物分解磷，很难满足作物的生长需要。

磷矿粉最好用在酸性土壤上，采用全层撒施作基肥，也可与有机肥料、过磷酸钙、生理酸性氮肥、钾肥配合使用，以提高磷矿粉的肥效。

（5）**骨粉** 骨粉由动物骨骼加工制成，其主要成分为磷酸三钙 [$Ca_3(PO_4)_2$]，含磷量（P_2O_5）因加工方法各异，一般在20%～40%。呈灰白色或黑色粉末，碱性。除含磷外，还含有钙、镁、氮及骨素、脂肪等有机物质，不溶于水，是一种迟效性肥料。

骨粉一般用作基肥，宜施于富含有机物质的酸性土壤，或与有机肥料混合堆沤后施用。

（三）钾素化肥

1. 钾素的作用 其主要作用：一是它能促进酶的活化；二

是能增强光合作用；三是能促进植物体内物质合成和运输；四是能调节细胞渗透压并促进植物生长；五是能增强植物的抗逆性，钾元素供应充足通常可使植物在胁迫条件下具有较强的抗寒性、抗旱性、抗盐碱能力和抗病能力，从而提高植物对外界恶劣环境条件的抵御能力。

2. 钾肥的种类及施用

（1）硫酸钾　硫酸钾（K_2SO_4）含有效钾（K_2O）48%～52%，多为白色或淡黄色结晶，也有少量的红色硫酸钾。硫酸钾易溶于水，吸湿性小，不易结块，贮运较方便。它是化学中性、生理酸性的肥料。

硫酸钾属生理酸性钾肥，在酸性土壤上施用，易引起土壤酸化，应与石灰配合施用，中和土壤酸性；在中性或石灰性土壤上施用硫酸钾，生成的硫酸钙（$CaSO_4$）很难溶解，长期施用，易造成土壤板结，应增施有机肥，防止土壤板结。

硫酸钾可用作基肥、追肥和叶面肥。

（2）氯化钾　氯化钾含氧化钾（K_2O）60%左右，易溶于水，颜色大多呈白色或淡黄色，也有略带红色的产品。属化学中性、生理酸性的速效性钾肥。

氯化钾同硫酸钾一样，在酸性土壤中长期施用，易引起土壤酸化，从而加重土壤中活性铁、铝的毒害作用。在酸性土壤中长期施用氯化钾，也要与石灰配合施用。氯化钾在石灰性和中性土壤中生成的氯化钙，溶解度大，在多雨地区、多雨季节或灌溉条件下，易随水淋失至土壤下层，一般不会对作物产生毒害。在中性土壤中，会造成土壤钙的淋失，使土壤板结。

（3）草木灰　草木灰是农作物秸秆、枯枝落叶等植物残体燃烧后所剩余的灰分。草木灰的成分复杂，不仅含有磷、钾、钙、镁等大、中量营养元素，而且还含有锌、锰等多种微量元素。其中，以含钾、钙数量为多，所以也称之为钾肥。

草木灰成分因其燃料不同而差别很大。一般木本植物灰分中

钙、钾、磷较多，草本植物含硅较多，钾、钙、磷较少；同一植物中幼嫩组织部分的灰分含钾、磷较多，而衰老组织部分的灰分含钙、硅较多。

草木灰钾的主要形成是以碳酸钾存在，其次是硫酸钾和少量的氯化钾。它们都是水溶性钾，有效性很高，能直接被植物吸收利用。草木灰是一种碱性肥料，不能与铵态氮肥混合施用，也不能与人粪尿、圈肥等有机肥和过磷酸钙混合施用，以免降低肥效。

（四）钙素化肥

1. 钙素的作用　其主要作用：一是它是构成细胞壁的成分；二是能稳定细胞膜结构；三是参与第二信使的传递；四是具有调节细胞渗透的作用；五是对有性繁殖具有重要的作用，在开花植物中，花粉母细胞的形成、萌发和花粉管的伸长以及精卵结合都必须有钙的参与，因为钙离子参与花粉管的极性生长，确定其定向，确保受精过程的顺利进行。

2. 钙肥的种类及施用　石灰是最主要的钙肥，包括生石灰、热石灰、碳酸石粉3种。某些含有多量石灰质的肥料和工业废渣，也可作钙肥使用。

（1）生石灰　生石灰又称烧石灰，主要成分为氧化钙，通常用石灰石烧制而成。生石灰中和土壤酸性的能力很强，可在短期内矫正土壤酸度。此外，生石灰还有杀虫、灭草和土壤消毒的功效。

（2）熟石灰　熟石灰又称消石灰，由生石灰吸湿或加水处理而成，主要成分是氢氧化钙，中和土壤酸性的能力也很强。

（3）碳酸石粉　碳酸石粉由石灰石、白云石或贝壳类磨细而成，主要成分是碳酸钙。这种肥料溶解度小，中和土壤酸度的能力较缓和而持久。碳酸石粉的中和效应与粉碎程度有关，颗粒愈小，中和能力愈强，一般细度以通过60～80目筛孔为宜。

（4）其他含钙肥料　一些工业废渣如炼铁高炉炉渣、钢渣等均含有大量的钙质，其主要成分是硅酸钙，施入酸性土壤中，经水解形成氢氧化钙和硅酸，能缓慢中和土壤酸度。此外，一些含钙质的肥料如石灰氮、窑灰钾肥等，也有很强的中和土壤酸度的能力。

（五）镁素化肥

1. 镁素的作用　其主要作用：一是叶绿素的组成成分，二是多种酶的活化剂，三是直接参与能量的代谢。

2. 镁肥的种类及施用　含镁肥料的成分及性质见表5-1。

表5-1　含镁肥料的成分及性质

肥料名称	镁的存在形态	含镁量（%）	主要性质
硫酸镁	$MgSO_4 \cdot 7H_2O$	9.6～9.8	酸性，易溶于水
氯化镁	$MgCl_2$	25.6	酸性，易溶于水
碳酸镁	$MgCO_3$	28.8	中性，易溶于水
硝酸镁	$Mg(NO_3)_2$	16.4	酸性，易溶于水
氧化镁	MgO	55.0	碱性，易溶于水
钾镁肥	$MgSO_4 \cdot K_2SO_4$	7～8	碱性，易溶于水
硫酸钾镁	$K_2SO_4 \cdot 2MgSO_4$	11.2	酸性或中性，易溶于水
白云石粉	$CaCO_3 \cdot MgCO_3$	11～13	碱性，微溶于水
光卤石	$KCl \cdot MgCl_2 \cdot 6H_2O$	8.7	近中性，微溶于水

镁肥用作基肥或追肥均可，应浅施，有利于作物吸收，并配合其他肥料施用。作基肥时，一般每公顷施用硫酸镁187.5～225千克，折合镁18.75～21.75千克。用于根外追肥时以0.5%～1%硫酸镁为宜。

（六）硫素化肥

1. 硫素的作用 其主要作用：一是它是蛋白质和酶的组分，二是参与氧化还原反应，三是植物体内许多挥发性化合物的结构成分。

2. 硫肥的种类及施用 含硫肥料的成分及性质见表5-2。

表5-2 含硫肥料的成分及性质

肥料名称	主要成分	含硫量（%）	主要性质
石 膏	$CaSO_4 \cdot 2H_2O$	18.5	微溶于水，缓效
硫 磺	S	95～99	难溶于水，迟效
硫酸铵	$(NH_3)_2SO_4$	9.6～9.8	溶于水，速效
硫酸钾	K_2SO_4	17.6	溶于水，速效
硫酸镁	$MgSO_4$	13	溶于水，速效
硫硝酸铵	$(NH_3)_2SO_4 \cdot 2NH_3NO_3$	12.1	溶于水，速效
普通过磷酸钙	$Ca(H_2PO_4)_2 \cdot 2H_2O + CaSO_4$	13.9	部分溶于水
青（绿）矾	$FeSO_4 \cdot 7H_2O$	11.5	溶于水，速效

硫肥施用方法与用量因不同土壤及肥料种类不同而异，如石膏作基肥或追肥每公顷施225～375千克，通常硫肥早施比晚施效果好。

（七）锌素化肥

1. 锌素的作用 其主要作用：一是它是许多酶的组分，二是参与激素的合成，三是参与蛋白质代谢，四是促进生殖器官的发育，锌大部分集中在种子胚中。澳大利亚的试验发现，三叶草增施锌肥，其营养体产量可增加1倍，而种子和花的产量可增加

近 100 倍。

2. 锌肥的种类与施用　常用的锌肥主要有硫酸锌、氯化锌及螯合态锌等。

锌肥的肥效与土壤含锌量关系密切。据河南省土壤肥料站试验，当土壤有效锌含量 <0.5 毫克 / 千克时，施用锌肥有显著的增产效果；0.5～1 毫克 / 千克时，在石灰性土壤和高产田施用锌肥仍有增产作用，并能改善作物品质。在长期施用磷肥的地区，由于磷、锌离子间的拮抗作用，易诱发缺锌。多点试验统计，施用锌肥一般增产 8%～10%，在极度缺锌的土壤上，增产幅度大，产量可成倍增长。

锌肥可用作基肥、追肥及根外追肥。生产中常用的锌肥多是硫酸锌，作基肥每 667.7 米 ^{2} 用量 0.5～0.75 千克，可与细土或有机肥混合均匀后撒施，基施用量大。加之锌在土壤中不易移动，可隔 2 年再施，以利用其后效；根外追肥的浓度一般为 0.2%，每 667 米 ^{2} 用量 50 千克。

（八）硼素化肥

1. 硼素的作用　其主要作用：一是促进植物体内碳水化合物运输和代谢，二是促进细胞的伸长和细胞的分裂，三是可以调节酚代谢和木质化作用，四是与生殖器官的建成和发育有关，在植物的生殖器官，特别是花的柱头和子房中硼的含量很高。缺硼会导致花粉母细胞发育不良。硼是花粉萌发和花粉管伸长所必需的，同时硼对受精作用也具有重要影响。硼还影响花粉粒的数量和生活力。

2. 硼肥的种类与施用　常用的硼肥有 2 种：一是硼砂，主要成分为 $Na_2B_2O_7 \cdot 10H_2O$，含硼 11%，易溶于 40℃ 的热水；二是硼酸（H_3BO_3），含硼 17%，易溶于水，呈弱酸性。此外，还有含硼的大、中量元素肥料，如含硼过磷酸钙、含硼硝酸钙、含硼碳酸钙、含硼石膏、硼镁肥等。

土壤水溶性硼含量的高低是决定是否需要施硼的重要依据。据中国农业科学院油料作物研究所、上海农业科学院、浙江省农业科学院等单位的研究结果，土壤水溶性硼含量 <0.3 毫克 / 千克为严重缺硼，<0.5 毫克 / 千克为缺硼，施用硼肥都有显著的增产效果。

当土壤严重缺硼时，一般采用基施效果好，每 667 米^2 用量 0.25～0.5 千克为宜，条施或穴施在土壤中；由于硼在植物体内移动性差，所以在轻度缺硼的土壤上，生长前期和中期分两次根外追肥，能够矫正油菜缺硼。硼砂、硼酸的喷洒浓度为 0.1%～0.2%，用量每 667 米^2 为 50～75 千克，喷后如遇降雨，需重喷。

（九）锰素化肥

1. 锰素的作用　其主要作用：一是直接参与光合作用；二是许多酶的组分，也是某些酶的活化剂；三是对植物体内氧化还原过程起调节作用。

2. 锰肥的种类与施用　常用的锰肥有硫酸锰、氯化锰、碳酸锰、氧化锰、含锰的玻璃肥料及含锰的工业废渣等。

作物缺锰常出现在成土母质含锰量较低的砂土或游离碳酸盐含量较高的石灰性土壤上。在缺锰的土壤上施用锰肥，不同作物均有一定的增产效果。

锰肥宜作基肥和叶面喷肥。基施每 667 米^2 用硫酸锰 1～2 千克，为减少土壤对锰的固定，应与有机肥混合均匀后施用。叶面喷施可用 0.1% 硫酸锰溶液 50 千克 /667 米^2。

（十）钼素化肥

1. 钼素的作用　其主要作用：一是参与氮素代谢，二是促进植物体内有机磷化物的合成，三是促进繁殖器官的建成。钼在繁殖器官内的含量很高，它对受精和胚胎发育有特殊的作用，当植物缺钼时，花的数量减少，花变小，花粉的活力也受到影响。

2. 钼肥的种类与施用 钼肥品种包括钼酸铵、钼酸钠、三氧化钼，含钼的过磷酸钙、钼渣等。钼有固氮和促进核酸、蛋白质合成的作用。

钼肥的施用效果，与土壤中钼含量、形态及分布区域有关。据中国科学院南京土壤研究所刘铮等（1978—1982）对我国土壤中钼含量及肥效进行的分区：①钼肥显著区：土壤有效钼含量少于 0.1 毫克 / 千克（草酸—草酸铵液浸提，pH 值 3.3）的地区；②钼肥有效区：土壤有效钼 <0.15 毫克 / 千克的地区；③钼可能有效区：土壤有效钼 >0.15 毫克 / 千克的地区。

钼肥可作基肥、追肥施用，施用量以有效钼计算为 750 克 / 公顷，叶面喷施用 0.01%～0.1% 钼酸铵溶液，于蕾期至盛花期喷施 2～3 次。

施用钼肥必须注意土壤和农产品中钼的残留与积累问题。据报道，当牧草中钼含量超过 15 毫克 / 千克时，会使反刍动物出现钼中毒症，表现在体重显著减轻、腹泻、贫血、秃毛，严重时导致死亡。然而，作物对钼有很强的耐受性，不易表现出中毒症状。因此，施用钼肥，一要有针对性，缺素土壤方可施用；二要严格控制用量，由于钼在土壤中不易淋失，残效可达 5～6 年，最好叶面喷施，对人、畜及作物均安全有效，以免引起毒害。

（十一）铁素化肥

1. 铁素的作用 其主要作用：一是它是叶绿素合成、光合作用必需的元素，二是参与核酸和蛋白质代谢，三是参与植物的呼吸作用。此外，缺铁还会降低还原糖、有机酸（如苹果酸和柠檬酸）及维生素 B_2 等的含量，这说明铁与碳水化合物、有机酸和维生素的合成有关系。

2. 铁肥的种类与施用 铁肥包括硫酸亚铁、硫酸亚铁铵及螯合态铁等。硫酸亚铁主要成分为 $FeSO_4 \cdot 7H_2O$，含铁量 19%～20%，易溶于水，浅蓝绿色细结晶，在空气中易被氧化；硫酸铁，主要成分为 $Fe_2(SO_4)_3 \cdot 4H_2O$，含铁 23% 左右，为灰白色或微黄色粉末，具有吸湿性，缓溶于水；螯合铁，如 Fe-EDTA，含铁 12% 左右。此外，还有含铁氮肥、含铁磷肥，如磷酸铁铵 $(NH_4)FePO_4 \cdot H_2O$ 含铁 69%，硫酸亚铁铵 $[(NH_2)SO_4 \cdot FeSO_4 \cdot 6H_2O]$ 含铁 14% 左右，呈淡青色结晶，溶于水。常用的铁肥是硫酸亚铁及硫酸亚铁铵。

可吸收铁肥的形态一般是二价铁（Fe^{2+}），但由于二价铁易被氧化为三价铁而失效，铁肥多采用喷肥。喷施浓度一般以 0.2%～1% 为宜，樱桃树多在萌芽前喷施。也可采用局部富铁法矫正缺铁，其方法是用 5～10 千克的硫酸亚铁与 200～300 千克优质有机肥混匀，在树冠外围挖沟环施后覆土，使局部富集大量亚铁盐供果树的根系吸收。

高压注射法也是一种有效的施铁方法。即用 0.3%～0.5% 硫酸亚铁溶液直接注射到树干（木质部）内。

（十二）铜素化肥

1. 铜素的作用　其主要作用：一是酶的组分，二是参与光合作用，三是参与植物的氮代谢。

2. 铜肥的种类与施用　用作铜肥的肥料有硫酸铜、碱式硫酸铜、硫铁矿渣等。含铜肥料的成分及性质见表 5-3。

表 5-3　铜肥的种类和性质

品　名	主要成分	有效铜（%）	物理性状
一水硫酸铜	$CuSO_4 \cdot H_2O$	35	蓝色晶体状，溶于水
五水硫酸铜	$CuSO_4 \cdot 5H_2O$	25	蓝色晶体状，溶于水
碱式硫酸铜	$CuSO_4 \cdot 3Cu(OH)_2$	13～53	绿色晶体，在水中溶解度极小，能溶于稀酸和氨水
碱式碳酸铜	$CuCO_3 \cdot Cu(OH)_2$	57	孔雀绿色粉末，不溶于水和醇，溶于酸、氨水及氰化钾溶液

续表 5-3

品　名	主要成分	有效铜（%）	物理性状
氧化铜	CuO	75	黑色或灰黑色粒状或粉末，溶于酸，不溶于水
氧化亚铜	Cu_2O	89	红棕色结晶性粉末，不溶于水
硫化铜	CuS	80	黑色粒状或粉末，不溶于水，溶于稀硝酸、热浓盐酸和硫酸
硫铁矿渣、选矿尾渣			难溶于水

铜肥的施用方法有土壤基肥、追肥、叶面喷施等。作基肥施用每 667 米^2 用量为 1～1.5 千克硫酸铜。由于土壤对铜的代换吸附能力强，且作物对铜需量少，铜肥后效期长，不宜连年作基肥施用，可 3～5 年基施 1 次，切忌施用过多，对作物造成毒害。

三、有机肥料的作用与种类

（一）主要作用

有机肥料除含有 N、P、K、Ca、Mg、S、B、Fe、Mn、Mo、Zn 等农作物必需的营养元素，还含有能被作物吸收利用的各种氨基酸、多肽等有机营养，促进植物生长的维生素和生物活性物质（活性酶、糖类等），以及多种有益微生物（固氮菌、氮化菌、纤维素分解菌、硝化菌等），是养分最全的天然复合肥。

有机肥种类繁多，而且性质千差万别，但从肥料的角度分析，它在樱桃生产中主要有以下几个方面的作用。

1. 提供樱桃生长所需的养分　如上所述，有机肥料中含有樱桃生长所需的各种营养元素及氨基酸、维生素、糖等有机营养，因此，它能源源不断地将这些养分供给樱桃供其正常的生长发育；而且有机质在土壤中分解时可产生一定量的二氧化碳，可

作为樱桃叶片进行光合作用的原料。与无机肥料相比，有机肥料提供的养分具有全面和持续稳定的特点，这是由于有机肥料来自于动植物，而动、植物体内不仅含有自己生长所必需的16种营养元素，还含有其他有益于自己生长的元素，这些元素在有机肥的分解过程中都可向樱桃供应。同时，有机肥料所含的营养物质多以有机态形式存在，只有通过微生物分解才能转变成为作物可利用的形态，而这个分解过程是缓慢的、持续的，因而养分的供应也是缓慢的、持续的。但是，纯有机肥料所含的养分比较低，如沼渣全氮、全磷、全钾的平均含量分别只有2.02%、0.84%、0.88%，不能完全满足樱桃生长、结果过程中对养分的需求，需要在有机肥的加工制作过程中加入少量化肥，或在施用时与无机肥相配合施用。

2. 改良培肥土壤　土壤有机质是土壤肥力的重要指标，是形成良好土壤结构的物质基础。施入土壤中的新鲜有机肥料，在微生物作用下，分解转化成简单的化合物，同时经过生物化学的作用，又重新组合成新的、更为复杂的、比较稳定的土壤特有的大分子高聚有机化合物，从而促进土壤形成结构优良的团粒结构，加上有机肥料的密度一般比土壤小，施入土壤的有机肥料能降低土壤的容重，改善土壤通气状况，有机质保水能力强，比热容较大，导热性小，颜色又深，较易吸热，调温性好。另外，有机肥料分解过程中在土壤溶液中可解离出氢离子，具有很强的阳离子交换能力，施用有机肥料可增强土壤的保肥性能。土壤矿物颗粒的吸水量最高为50%～60%，腐殖质的吸水量为400%～600%，施用有机肥料，可增加土壤含水量，一般可提高10倍左右。有机肥料既具有良好的保水性，又有很好的排水性。因此，能缓和土壤干湿之差，使作物根部土壤环境不至于水分过多或过少。

3. 提高土壤生物活性　有机肥料中除含有有机质和各种矿质营养元素外，还含有多种有益微生物（固氮菌、氮化菌、纤维素分解菌、硝化菌等），施用有机肥料可以增加土壤中微生物的

数量，还为微生物的生长提供了能量和养分来源，从而促进土壤微生物活动。微生物在活动中或死亡后所排出的物质，包括氮、磷、钾等无机养分，有谷酰胺酸、脯氨酸等多种氨基酸，多种维生素，以及细胞分裂素、植物生长素和赤霉素等植物激素，这就进一步提高了土壤的各种活性。

4. 修复土壤污染　有机肥料能提高土壤阳离子代换量，增加对镉、汞等重金属离子的吸附，有机质分解的中间产物还可与这些离子发生螯合作用形成稳定性络合物，有毒的可溶性络合物可随水下渗或排出农田，提高了土壤自净能力。

（二）有机肥的种类

我国资源丰富，有机肥种类繁多。按有机肥料相同或相似的产生环境或施用条件，类似的性质功能和积制方法分为：粪尿肥、堆沤肥、秸秆肥、绿肥、土杂肥、饼肥、海肥、草炭、农用城镇废弃物、沼气肥等 10 大类。现将常见的有机肥介绍如下，以供参考。

1. 粪尿肥　粪尿是人和动物的排泄物，它含有丰富的有机质、氮、磷、钾、钙、镁、硫、铁等作物需要的营养元素，以及有机酸、脂肪、蛋白质及其分解物，包括人粪尿、家畜粪尿、家禽粪和其他动物粪肥等。

（1）人粪尿　人粪尿是人粪和人尿的混合物，分布广、数量大、养分含量较高，而有机物的含量较某些有机肥料低，碳氮比小，易腐熟，是粗肥中的细肥。

鲜人粪尿中养分平均含量为：全氮（N）0.64%，全磷（P）0.11%，全钾（K）0.19%，水分90.25%，粗有机物4.80%，C/N值3.43，pH值7.79；各微量元素的平均含量为：铜4.99毫克/千克，锌21.24毫克/千克，铁294.48毫克/千克，锰46.05毫克/千克，硼0.70毫克/千克和钼0.33毫克/千克；钙、镁、氯、钠、硫、硅含量平均分别为：0.25%、0.07%、0.18%、0.16%、

0.04% 和 0.25%。

人粪尿中的有机氮易分解成氨挥发，而且随着气温的增高，损失量加大。此外，还有很多病菌、寄生虫等不利因素。因此，合理贮存、适当的防病虫害卫生处理是合理利用人粪尿的关键。北方气候干燥、年蒸发量大，多采用混土制成土粪或堆肥的方法积存；南方高温多雨，多采用粪尿混存的方法，在粪坑（池）中制成水粪。

人粪尿属速效性肥料，可用作种肥、基肥和追肥，一般作追肥，制成堆肥后多作基肥使用。人粪尿、秸秆和土混合堆制的肥料多作基肥；单独贮存的人粪尿兑 3～5 倍的水或加适量化肥追施。

人粪尿积存与施用过程中应注意：①不可用人粪尿晒制粪干；②腐熟人粪尿不能与草木灰等碱性物质混存；③人粪尿中带有各种传染病菌和寄生虫卵，需经发酵或药剂处理后才能使用；④人粪尿中的盐分和氯离子含量较高，不适宜在忌氯作物上过多施用，会降低块茎、块根中淀粉和糖的含量，影响烟草的燃烧性；也不宜在干旱、排水不畅的盐碱土上一次大量施用。

（2）猪粪尿　猪粪尿是猪粪和猪尿的混合物，其养分平均含量：全氮（N）0.24%，全磷（P）0.07%，全钾（K）0.17%，水分 85.36%，粗有机物 3.75%，C/N 值 8.08，灰分 2.43%；各微量元素的平均含量为：铜 6.97 毫克 / 千克，锌 20.08 毫克 / 千克，铁 700.21 毫克 / 千克，锰 72.81 毫克 / 千克，硼 1.42 毫克 / 千克和钼 0.20 毫克 / 千克；钙、镁、氯、钠、硫、硅含量平均分别为：0.30%、0.10%、0.06%、0.06%、0.07% 和 4.02%。

猪粪尿容易腐熟，腐熟过程中形成大量腐殖质和蜡质，且高于其他畜肥，再加上其离子交换量较高，施入土壤后能增加保水、保肥的性能，蜡质对抗旱保墒也有一定的作用。

猪粪尿积存过程中，各种成分在微生物的作用下转化成的磷酸或磷酸盐、铵盐或硝酸盐等极易挥发或流失。腐熟的猪粪尿可

作追肥、基肥。

（3）牛粪尿　牛粪尿的成分与猪粪尿相似，但牛的排泄量在家畜中最多，其养分含量在各种主要家畜中最低。各种养分的平均含量为：粗有机物 7.8%，全氮（N）0.35%，全磷（P）0.08%，全钾（K）0.42%，钙 0.40%，镁 0.10%，硫 0.07%，水分 79.5%。牛粪分解腐熟慢，是发热量最小的冷性肥料。

（4）羊粪尿　羊的排泄量较其他家畜少。羊是反刍动物，对饲料的咀嚼比牛更细，再加上饮水少，其粪质细密干燥，发热量比牛粪大，比马粪小，亦属于热性肥料。羊粪的成分与其他畜粪相似，但较其他畜粪浓厚，氮的形态主要为尿素态。鲜羊粪中养分平均含量为：全氮（N）1.01%，全磷（P）0.22%，全钾（K）0.53%，水分 50.75%，粗有机物 32.30%，C/N 值 16.6，灰分 12.68%，pH 值多在 8.0～8.2；各微量元素的平均含量为：铜 14.24 毫克/千克，锌 51.74 毫克/千克，铁 2 581.28 毫克/千克，锰 268.36 毫克/千克，硼 10.33 毫克/千克和钼 0.59 毫克/千克；钙、镁、氯、钠、硫、硅含量平均分别为：1.30%、0.25%、0.09%、0.06%、0.15% 和 4.86%。

羊粪尿适用于各类土壤和各种作物，可作基肥和追肥。施用时注意事项同其他家畜粪尿。

（5）兔粪尿　兔是以食草为主的杂食动物，饲料质量好，排泄物养分含量较高。兔粪中的养分含量比较高，磷、钾、水分的含量比较低，C/N 值小，易腐熟并产生高温，属热性肥料。鲜兔粪中养分平均含量为：粗有机物 24.61%，全氮（N）0.87%，全磷（P）0.30%，全钾（K）0.65%，水分 57.38%，灰分 11.31%，C/N 值 19.1，pH 值 7.9～8.1；各微量元素的平均含量为：铜 17.29 毫克/千克，锌 48.80 毫克/千克，铁 2 390.82 毫克/千克，锰 149.91 毫克/千克，硼 9.33 毫克/千克和钼 0.75 毫克/千克；钙、镁、氯、钠、硫、硅含量平均分别为：1.06%、0.26%、0.18%、0.17%、0.17% 和 6.00%。

兔粪尿可单独保存，也可与其他畜禽粪混合制成厩肥或堆肥。也有的地方将兔粪放在加水的缸内密封 15 天左右，让其自然发酵，制成兔粪液作叶面肥用。兔粪适用各种土壤、作物，腐熟的兔粪一般作追肥，与其他圈肥混合也可作基肥用。

2. 家禽粪 家禽粪是鸡粪、鸭粪、鹅粪、鸽粪等家禽粪的总称。其养分含量因类别、品种、饲养条件不同存在差异，平均水平较家畜粪尿高，且比例较为均衡。

（1）**鸡粪** 鸡饮水少，饲料以谷物、小虫为主，肥分浓厚，养分含量高于其他畜粪。鲜鸡粪中养分平均含量为：粗有机物 23.77%，全氮（N）1.03%，全磷（P）0.41%，全钾（K）0.72%，水分 52.3%，C/N 值 14.03，pH 值多在 7.7～7.9；各微量元素的平均含量为：铜 14.38 毫克／千克，锌 65.92 毫克／千克，铁 3 540.01 毫克／千克，锰 164.01 毫克／千克，硼 5.41 毫克／千克和钼 0.51 毫克／千克；钙、镁、氯、钠、硫含量平均分别为：1.35%、0.26%、0.13%、0.17% 和 0.16%。此外，还含有各种氨基酸、糖、核酸、维生素、脂肪、有机酸和植物生长调节剂等。

直接施用鸡粪易招地下害虫，同时其尿素态的氮也不能被作物直接吸收。因此，鸡粪应在施用前沤制，也可与其他厩肥混合作基肥施用。

（2）**鸭粪** 鸭粪养分含量略低于鸡粪，鲜鸭粪中养分平均含量为：粗有机物 20.22%，全氮（N）0.71%，全磷（P）0.36%，全钾（K）0.55%，水分 51.08%，C/N 值 17.9，pH 值多在 7.7～7.9；各种微量元素的平均含量为：铜 15.73 毫克／千克，锌 62.32 毫克／千克，铁 4 518.84 毫克／千克，锰 3 743.96 毫克／千克，硼 12.99 毫克／千克和钼 0.37 毫克／千克；钙、镁、氯、钠、硫含量平均分别为：2.90%、0.24%、0.08%、0.19% 和 0.15%，其中铁、锰、硼、钙的含量居粪尿类之首。

鸭粪适用于各种土壤与作物，作追肥、基肥的施用方法同鸡粪，施用量可略高于鸡粪。

（3）**鹅粪** 鹅主要以青菜、水草为食，粪便中养分含量较其他禽粪少。鲜鹅粪中各养分平均含量为：粗有机物18.46%，全氮（N）0.54%，全磷（P）0.22%，全钾（K）0.52%，水分61.67%，C/N值19.66，pH值7.7～8.0；铜14.20毫克/千克，锌48.44毫克/千克，铁3 343.25毫克/千克，锰173.01毫克/千克，硼10.60毫克/千克和钼0.32毫克/千克；钙、镁、氯、钠含量平均分别为：0.73%、0.20%、0.05%和0.12%。

鹅粪的积存、施用方法同鸡、鸭粪。

（4）**鸽粪** 鸽主要以粮食为食，饮水少，粪便养分含量较其他禽粪高。鲜鸽粪中各养分平均含量为：粗有机物29.89%，全氮（N）2.48%，全磷（P）0.72%，全钾（K）1.02%，水分45.40%，C/N值10.29，pH值6.6～7.4，铜14.86毫克/千克，锌212.43毫克/千克，铁2 364.43毫克/千克，锰273.08毫克/千克和钼0.67毫克/千克。

鸽粪适用各种作物与土壤，可与其他畜、禽粪尿混合堆沤，作追肥、基肥用。

3. 沼气肥 沼气肥是有机物在密闭、嫌气条件下发酵制取沼气后的残留物，是一种优质的、综合利用价值大的有机肥料。其中沼液占沼气肥的85%左右，沼渣约占15%（湿重）。

（1）**沼渣肥** 沼渣肥的养分含量与进入沼气池的原料、发酵条件有关，各地差异较大，据全国11个省（区）测试分析，沼渣水分含量约76.6%，若以干物计，粗有机物、全氮、全磷、全钾平均含量分别为55.7%、2.02%、0.84%和0.88%；微量元素铜、锌、铁、锰、硼、钼的平均含量分别为40.3毫克/千克、104毫克/千克、9 240毫克/千克、487毫克/千克、15毫克/千克和0.80毫克/千克。按全国有机肥品质分级标准评分，沼渣肥评为二级。

沼渣肥宜作基肥，一般土壤和作物均可施用。用于旱地要覆盖10～12厘米厚泥土，每公顷用量一般1.5万～3万千克。

在缺磷土壤上，沼渣与磷肥混合施用效果更好，增产幅度10%～20%。长期连续施用沼渣肥代替其他有机肥料，对各季作物都有一定的增产效果，同时还能改善土壤的理化性状。据江苏省南通市试验，连续2年施用沼渣肥后，土壤容重较试验前减少0.01～0.09克/厘米^3，土壤孔隙较试验前增加0.3%～3.4%，土壤有机质有累积趋势，养分含量也有所增加，特别是在基础肥力差的沙瘦型土壤上，连续施用并适当加大用量（每公顷2.25万～3万千克），能达到改土培肥的目的。

但要注意出池后的沼渣应堆放15天左右再用，以降低其中的还原性物质，防止烧苗；沼渣出池后不能暴晒，以免养分受损。

（2）沼液肥　沼液肥是有机物经沼气池制取沼气后的液体残留物。与沼渣肥相比，沼液含养分量较低，但是沼液中速效养分高，属于速效性肥料，而且沼液肥的数量比沼渣多，提供的养分也多。据11个省的有机肥调查采样分析，沼液水分含量为96.7%～98.9%、pH值7.4～7.7，粗有机物、全氮、全磷、全钾平均含量分别为0.37%、0.11%、0.019%和0.088%，沼液中还含有钙、镁、钠、氯、硫、硅及微量元素铜、锌、铁、锰、硼、钼等。

沼液肥一般作追肥和浸种。作追肥施用可开沟深施、顺垄条施或普遍泼施，施用量3万～6万千克/公顷，应根据沼液的养分浓度、土壤质地、作物不同时期的需求，决定施用量和施用方法。

追施沼液肥不仅能增产，还能防止作物病虫害，据上海、四川、北京等地研究，沼液对棉蚜、红蜘蛛、大麦黄花叶病、小麦根腐病、水稻绵瘤病、纹枯病等均有良好的防治和抑制作用。

4. 糟渣肥　糟渣肥是指农产品加工中的各种残渣，含有不同数量的养分，有的直接用作肥料，有的是很好的饲料。糟渣的种类很多，主要有酒糟、醋糟、酱油渣、味精渣、豆腐渣、粉渣、木茹渣、药渣和食用菌渣等种类。糟渣肥在全国各地均有分布，但其品种和数量随着名特产品的不同、人们生活习惯的差异

而变化。糟渣类肥料由于其原料成分不同，制作方法不同，养分含量也各不相同，而且差异很大。下面仅就酒糟、食用菌渣为例进行介绍。

（1）**酒糟** 酿酒后剩下的残渣即是酒糟，据对上百个酒糟样品测试结果，酒糟风干样含有机碳31.8%，95%的置信限为25.4%～38.2%；烘干样含粗有机物79.8%，95%的置信限为72.5%～87.1%；全氮3.08%，全磷0.399%，全钾0.42%，酒糟氮含量较高，碳氮比适中，还含有硅9.69%，微量元素含量（毫克/千克）：铜23.8、锌76.1、铁3 718、锰129、硼7.67和钼0.73等。据全国有机肥料品质分级标准分级属二级。

（2）**食用菌渣** 用牛粪、稻草、麦秸、棉籽壳、木屑等与氮、磷化学肥料配制成，培养食用菌后剩下的残渣即是食用菌渣。由于原料成分较多，且在培养食用菌时产生很多菌丝，因此渣料养分比较丰富。据对20多个样品测试结果，食用菌渣烘干样含粗有机物58.2%，全氮、全磷、全钾平均含量分别为1.01%、0.223%、0.876%，微量元素含量（毫克/千克）：铜21.4、锌48.6、铁1 813和锰131等。据全国有机肥料品质分级标准，食用菌渣的品质定为三级。

糟渣类肥料养分含量较全，一般有机肥料含有的养分它均含有，但从养分含量的高低看，除氮素含量较高外，其他含量均不太高，是一种大宗的有机肥料。

糟渣肥多属迟效性肥料，有的种类含有脂肪、蜡质等物质，因此糟渣肥需经发酵或与圈肥一起沤制或堆腐后再施用。发酵后的糟渣肥既可作基肥，也可以作追肥。

5. 秸秆肥 秸秆是农作物的副产品，其中含有相当数量的营养元素。当作物收获后，将秸秆直接归还于土壤，有改善土壤物理、化学和生物学性状，提高土壤肥力、增加作物产量的作用。

（1）**秸秆直接施用** 秸秆直接施用的方式有秸秆覆盖、秸秆

深埋两类。秸秆覆盖是指将作物秸秆铺盖于樱桃树的树盘或株行间，待其腐烂后翻入土中；秸秆深埋是在株行间挖深 70～80 厘米的坑，然后将秸秆填入坑中用土覆盖或结合果园深翻将秸秆埋入土中。这种方式简单，但秸秆腐烂慢，为提高施用效果还需施加适量的无机肥。

（2）秸秆堆肥

①普通堆肥 普通堆肥是指堆内温度不超过 50℃，在自然状态下缓慢堆制的过程。具体操作过程是：选择地势较高、运输方便、靠近水源的地方，先整平夯实地面，再铺 10 厘米厚碎秸秆或草炭，以吸收下渗肥液。然后铺 15～25 厘米厚秸秆，加适量水和石灰，再盖上一层细土和粪尿。如此层层堆积到 2 米左右高度，表面再用一层泥或细土封严。1 个月后翻 1 次堆，重新堆好，再用土或泥盖严。普通堆肥材料达到完全腐熟，在夏季需 2 个月时间，在冬季则需 3～4 个月。

②高温堆肥 高温堆肥温度较高，一般采用接种高温纤维分解菌，并设置通气装置来提高堆肥温度，腐熟较快，还可杀灭病菌、虫卵、草籽等有害物质。堆制过程是：选择背风向阳、运输方便、靠近水源的地方，先整平夯实地面，再铺 10 厘米厚碎秸秆或草炭，以吸收下渗肥液。然后把秸秆切碎到 5 厘米左右，摊在地上加马粪、人粪尿和适量的水，混合均匀，再堆积成 2 米左右高的堆，在堆的表面上一层细土。1 周后将堆推翻，加入少量人粪尿和水，混合均匀，重新堆积盖土，如此重复 3～4 次即可。

③利用秸秆腐熟菌剂堆肥 秸秆腐熟菌剂是采用现代化学、生物技术，经过特殊的生产工艺生产的微生物菌剂，是利用秸秆加工有机肥料的重要原料之一。秸秆腐熟菌剂由能够强烈分解纤维素、半纤维素及木质素的嗜热、耐热的细菌、真菌和放线菌组成。

秸秆腐熟剂在适宜的条件下，微生物能迅速将秸秆堆料中的碳、氮、磷、钾、硫等分解矿化，形成简单有机物，从而进一步

分解为作物可吸收的营养成分。同时，秸秆在发酵过程中产生的热量可以消除秸秆堆料中的病虫害、杂草种子等有害物质。秸秆腐熟菌剂无污染，其中所含的一些功能微生物兼有生物菌肥的作用，对作物生长十分有利。

目前，已获我国登记的腐熟剂产品几十种，如腐秆灵（广东省高明市绿宝科技有限公司）、CM 菌（山东亿安生物工程有限公司）、催腐剂（山东省文登市土肥站）、酵素菌（河南省三门峡龙飞生物工程有限公司）、"三一"牌有机物料腐熟剂（山东省济宁三环化工有限公司）、瑞莱特微生物催腐剂（成都合成生物科技有限公司）等。这些腐熟剂的使用都比较简单，只要按说明书使用都可达到较理想的效果。

四、腐殖酸类肥料

腐殖酸类肥料是一种含有腐殖酸类物质的新型肥料，也是一种多功能的肥料。腐殖酸类肥料简称"腐肥"，由于它是黑色的，因此，人们习惯把它叫作"黑化肥"或"黑肥"。这类肥料以草炭等富含腐殖酸物质为主要原材料掺和其他有机无机肥配制而成，品种繁多，它包括现在各地制造和使用的硝基腐殖酸铵、腐殖酸铵、腐殖酸磷、腐殖酸钾、腐殖酸氮磷、腐殖酸氮磷钾，以及作刺激剂的腐殖酸钠，作土壤改良剂的腐殖酸钙、镁等，这些统称为腐殖酸类肥料。

（一）作　用

首先，它具有改良土壤的作用。腐殖酸类肥料含有大量的有机质和有机胶体，使土壤中水稳性的团粒增多，质地得到改良，同时腐殖酸具有较高的阳离子交换量，可以增强土壤的缓冲能力。其次，腐殖酸类肥料除含有机质外，还含有一定的速效氮、磷、钾等无机养分，可供作物吸收。再次，由于腐殖酸的存在，

它能活化土壤中的矿质元素，如磷、钾、钙、镁和微量元素等。最后，腐殖酸类肥料中含有的基团能参与作物体内的氧化还原过程，所以对作物种子的萌发、根系生长、根系吸收水分和养分的能力等均有一定的促进作用。同时，腐殖酸类肥料的存在能加大根系与肥料的接触面积和增加根系分泌有机酸的数量，提高根系对难溶性养分的利用率。

（二）特　点

腐殖酸是腐殖质的主要成分。腐殖质，是评价土壤肥力的重要指标之一。在肥沃的土壤里，腐熟堆沤肥、厩肥中都含有腐殖质，也可以说都含有腐殖酸。它是改善土壤性质、供给作物养分的最主要物质。

腐殖酸是一种有机酸，它主要包括黑腐酸（即狭义的胡敏酸）、棕腐酸（或称草木樨酸）、黄腐酸（或称富里酸），是一种复杂的混合物。通常又把除去黄腐酸的黑腐酸和棕腐酸二者称为胡敏酸。

腐殖酸不溶解于水，但同无机酸（如盐酸、硫酸）一样，与碱（氢氧化钠或氢氧化铵）发生中和反应，与钠、钾等一价碱金属离子作用，生成水溶性腐殖酸盐，从而把土壤中的腐殖酸释放出来。尤其是当腐殖酸与氨水（氢氧化铵）作用是不可逆的，所生成的铵盐比较稳定，施入土壤中，不仅氨可以供作物吸收利用，就是腐殖酸也能被作物吸收、利用。

（三）类　型

腐殖酸按其形成和来源可分为3类。

1. 原生腐殖酸　原生腐殖酸，也称天然腐殖酸。它是天然物质组成中所固有的腐殖酸。秋、冬季树叶落地，不久就腐烂，变成了红棕色，这种腐烂的树叶中就含有原生腐殖酸。土壤、草炭、褐煤中的腐殖酸就是死亡植物残体在微生物作用下，经过复

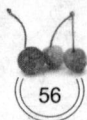

杂的生物化学变化，分解再合成而生成的。广大农村都采用"秸秆沤肥"等办法，制成各种有机肥料。这些肥料中都含有大量的原生腐殖酸。土壤中这种腐殖酸一般不多，肥沃土壤中，含量也不过百分之几，草炭中腐殖酸含量较高，为 10%～50%。褐煤由于成煤过程的差异，腐殖酸含量变化很大，在 1%～80% 之间。

2. 再生腐殖酸 经过自然风化或人工氧化方法所生成的腐殖酸，叫再生腐殖酸。在煤矿区，化验一下露头风化煤，可以发现煤中腐殖酸含量从表层向煤层深处逐渐减少，甚至在较深的煤层中，煤的腐殖酸含量等于零。这就说明了原来煤中并没有腐殖酸或极少，而是由于煤层露出地表，经风吹雨打日晒（即水解氧化环境条件），煤的化学组成发生了变化，才形成了腐殖酸。由于这种腐殖酸不是天然物质化学组成中所固有的，所以叫再生腐殖酸。正是根据这个原理，工业生产腐殖酸类肥料时，为提高原料中腐殖酸的含量，可采用空气氧化、臭氧氧化及硝酸氧化等办法，以达到提高产品质量的目的。广大农村也可采用"堆沤腐熟"办法，通过自然氧化提高原料中腐殖酸含量。

3. 合成腐殖酸 合成腐殖酸，也称为人造腐殖酸。它是指用人工方法从非煤类物质所制取的，其结构和性质与原生腐殖酸相似。例如，蔗糖与铵盐起反应所得的碱可溶物，就是合成腐殖酸的一种。现在也有许多造纸厂、酒厂、糖厂等，积极开展综合利用，可充分利用废液中所含的合成腐殖酸制成液体腐殖酸类肥料用于农业生产。

腐殖酸按其存在形态，又可分为游离腐殖酸和结合态腐殖酸。游离腐殖酸，通常是指用碱（氢氧化钠或氢氧化铵等）可以直接提取出来的那部分腐殖酸。结合态腐殖酸，是指用碱提取不出来的那部分腐殖酸，往往同钙、镁结合。

腐殖酸的原料来源十分广泛，是在大自然的有机界与无机界大循环中，不断生成的物质。腐殖酸除存在于土壤、堆肥、厩肥中外，还大量的存在于草炭、褐煤、风化煤中。另外，造纸废

液、酒糟废液中，也含有一定数量的腐殖酸。因此，极利于因地制宜，就地取材，加工腐殖酸类肥料。

（四）简易制法

在农村可以利用人畜粪尿、鱼汁、鱼粉、磷矿粉、草木灰、秸秆等物质采用堆沤发酵法制取腐殖酸肥料。

堆沤发酵法就是将人畜粪尿、鱼汁、鱼粉、磷矿粉、草木灰、秸秆等物质与草炭（褐煤或风化煤也可以）混合堆沤，经过微生物的"加工"和"制造"，使复杂的有机物质转化为植物可吸收的腐殖酸类肥料。

1. 草炭与人、畜粪尿混合堆沤 用人、畜粪尿与草炭堆沤时，先在堆肥场地上每隔65～100厘米挖一条通气沟，沟宽15～20厘米，深15～20厘米，沟上再铺上秸秆，以便通气，促进微生物活动。然后采用分层堆沤方式，即一层草炭粉末，撒上一层粪尿（草炭与粪尿按4∶1的比例为宜），再铺上一层草炭粉末，撒上一层粪尿，这样一层层堆积起来。堆120～150厘米高，堆的宽度以2.5～3.5米为好。堆积时不要压得太紧实，使堆内保持足够水分。在堆沤过程中，一般堆沤1周后，要检查一下堆内是否发热，如不发热，需再加一些粪尿（最好加些马粪），重新堆沤，发热1个月后，倒堆一次，把草炭粉末与粪尿混合均匀后，重新堆好，以备使用。

2. 泥炭与压绿肥混合堆沤 在沤制压绿肥时，按每100千克秸秆、青草等物质加上20～30千克草炭粉末，并适量加水混合均匀，而后堆积发酵。由于南北方气温差异较大，堆积时间应有所不同。北方堆沤1个月左右，而南方15～20天就可以了。在堆沤过程中，经过微生物和自然水解作用，使被沤制的物料腐烂，即成腐殖酸铵肥料。

3. 草炭与磷矿粉堆沤 草炭粉末与磷矿粉按10∶3的比例配方，即100千克草炭粉末，加上30千克磷矿粉（磷矿粉要粉碎

细一些为好），再配适量清水或人、畜粪尿搅拌均匀，堆沤15~20天，即制成腐殖酸磷肥。

4. 草炭与草木灰堆沤 草炭粉末与草木灰按5∶1的比例，即100千克草炭粉末，加上20千克草木灰，再加适量清水，混合均匀，一般堆沤10天左右，即制成腐殖酸钾。

5. 草炭与鱼汁、鱼粉堆沤 有些地区，尤其是南方沿海地区，也广泛利用鱼汁、鱼粉等制作腐殖酸类肥料。草炭与鱼汁堆沤，是先将草炭风干、粉碎后，草炭与鱼汁按10∶3的比例，在平地上铺一层草炭粉末，泼浇一层鱼汁，就这样一层层堆积起来，堆的高度到不便操作为止。最后，上面盖上一层草炭粉末，堆沤10~15天，群众称这种肥料为腐殖酸鱼汁肥，实质也属于腐殖酸类肥料。

草炭与鱼粉堆沤，是先将草炭和鱼（发臭变质的鱼）分别用粉碎机粉碎。草炭粉末与鱼粉按10∶1的比例，再加适量清水混合均匀，堆沤发酵10天左右，即制成腐殖酸鱼粉肥，也是质量较好的腐殖酸类肥料。

6. 草炭与含钙、镁的岩石粉末堆沤 凝灰岩属于火山喷发物，这种原料所含成分以钙、镁为主。生产时，先将凝灰岩用破碎机粗粉碎至3厘米左右，然后，再用粉碎机细粉至0.25~0.2毫米。草炭粉末与凝灰岩粉按2∶1的比例，同时加入少量（5%~10%）人、畜粪尿，混合均匀，堆沤1~2个月，腐熟后即为腐殖酸钙、镁肥。

另外，在东南沿海部分地区，还有利用食盐与有机肥料，如草炭、人畜粪尿等混合沤制后，作基肥施用，对水稻、亚麻、大麻等作物，能提高产量和质量。

（五）科学施用

腐殖酸类肥料因含有有机成分和速效养分，具有培肥改土和促进作物生长的双重功能，其施用方法与肥料的具体特性有关。

1. 腐殖酸铵和硝基腐殖酸铵　腐殖酸铵主要用作基肥，作追肥时应早施。一般采用沟施或穴施，施后覆土。腐殖酸含量在 20% 及以上、含速效氮 1%～1.5% 的腐殖酸铵，每公顷施用 1 500～3 000 千克；腐殖酸含量 30%～40% 及以上、速效氮 2% 以上的腐殖酸铵，每公顷施 750～1 500 千克。

硝基腐殖酸铵适宜作基肥和追肥，用量为每公顷施 375～750 千克。

2. 腐殖酸复合肥　腐殖酸复合肥一般用作基肥或种肥，条施或穴施，每公顷施 1 050～1 500 千克。

3. 腐殖酸钠　腐殖酸钠的施用有多种方法，但需注意碱性不宜过高，如果溶液 pH 值＞8，需要用少量稀硫酸或稀盐酸调节后施用。

（1）**根外喷施**　在果实发育后期根外喷施 2～3 次，可以促进养分从茎叶向果实转移，以提高产量和促进成熟。喷施浓度为 0.01%～0.05%。

（2）**追肥**　生长期间可用 0.01%～0.1% 腐殖酸钠溶液在根系附近进行灌溉。

上述各种施用方法的浓度、用量和浸种、浸根的时间，仅提供一般性的应用参考。要得到最佳效果，应经过试验后确定。

（六）施用注意事项

第一，各类腐肥物料投入比不同，制造方法不同，养分含量差异很大，在施用时需适当掌握，浓度低达不到预期效果，浓度高起抑制作用，要在试验的基础上使用。

第二，腐殖酸肥不能完全替代无机肥和农家肥，必须与农家肥、化肥配合使用，尤其与磷肥配合使用效果更好。

第三，腐殖酸钾、钠为激素类肥料，一般在温度 18℃ 以下使用，温度过高会加速作物的呼吸作用，降低干物质积累，造成减产；此外，其溶液碱性很强，需稀释后调节其 pH 值至 7～8。

第四，钙、镁等含量高的原料煤，不宜作腐殖酸磷肥料，防止磷被固定。

第五，腐殖酸铵肥料只有土壤水分充足、灌溉条件好的地方，才能充分发挥肥效。

第六，腐殖酸系列有机复合肥，各品种间的养分功能、改土功能和刺激功能的差异很大，互相间不能代替，施用时，根据要达到的目的，选择使用。

五、生物肥料

（一）概　述

1. 生物肥料的定义　生物肥料，即指微生物（细菌）肥料，简称菌肥，又称微生物接种剂。它是由具有特殊效能的微生物经过发酵（人工配制）而成的，含有大量有益微生物，施入土壤后，或能固定空气中的氮素，或能活化土壤中的养分，改善植物的营养环境，或在微生物的生命活动过程中，产生活性物质，刺激植物生长的特定微生物制品。

2. 生物肥料的种类　生物肥料（微生物肥料）的种类较多，按照制品中特定的微生物种类可分为细菌类肥料（如根瘤菌肥、固氮菌肥）、放线菌肥料（如抗生菌肥料）、真菌类肥料（如菌根真菌）；按其作用机制分为根瘤菌肥料、固氮菌肥料（自生或联合共生类）、解磷菌类肥料、硅酸盐菌类肥料；按制品内含物可分为单一的微生物肥料和复合（或复混）微生物肥料。复合微生物肥料又有菌、菌复合，也有菌和各种添加剂复合的。

3. 生物肥料的作用与功效　生物肥料能提高土壤肥力，这是它的主要作用，如各种固氮菌类肥料，可以增加土壤中的氮素来源，解磷解钾菌肥料可以将土壤中难溶性的磷、钾溶解出来，增加土壤中磷（P）、钾（K）元素的来源。另外，生物肥料还能

促进作物的生长，改善农产品的品质。各种生物肥施入土壤中，都能产生不同的生长激素，刺激作物的生长，如"5406"放线菌生物肥，不但有拮抗病原菌防病壮苗的作用，还能分泌细胞分裂素促进作物的生长。真菌类的生物肥不仅在协助作物吸收磷、锌及铜等矿质元素方面有很强的作用，还能增强作物的吸水、保水，提高作物抗旱能力的作用。由于生物肥料能制造和协助作物吸收利用多种营养元素，因此对农产品的品质有很大的改善，可以改变因施化肥产生的"瓜不香，果不甜，茶无味"的现状，使农产品各项指标达到绿色食品的标准。

4. 生物肥料在国内外的研究现状

根瘤菌剂是最早研发的产品，已在全世界推广应用。美国、日本、加拿大、法国、荷兰等 70 多个国家在研究、生产和应用豆科根瘤菌。在美国、巴西等主要的大豆种植国家，根瘤菌接种率达到了 95% 以上。此外，国外对固氮细菌、解磷细菌和解钾细菌等其他一些有益微生物也进行了大量的工作。其中，对固氮螺菌的接种试验表明，60%～70% 的试验可使产量提高 5%～30%

我国微生物肥料研究始于 20 世纪 40 年代，最早研究应用的是根瘤菌制剂。90 年代以后，微生物肥料研制单位相继推出联合固氮菌肥、硅酸盐菌剂、光合细菌菌剂、PCPR 制剂和有机物料（秸秆）腐熟剂等适应农业发展需求的新品种。大量试验结果表明，微生物肥料不仅可以提高各种作物的产量，而且可以提高农产品的品质和化肥利用率，改良或修复土壤，降低病虫害的发生。因此，近几年在果树、蔬菜、中草药和普通农作物的种植中微生物肥料被广泛应用，并形成了一个新的热点。

（二）生物肥料的施用方法

生物肥料是靠微生物的作用发挥增产作用的，其有效性取决于优良菌种、优质菌剂和有效的施用方法。因此，生物肥料合理施用的原则是：一是要保证菌肥有足够数量的有效微生物；二是

要创造适合于有益微生物生长的环境条件。要想提高生物肥料的使用效果，必须注意以下6点。

第一，了解生物肥料的生产日期、用量、用法等有关资料，在有效期内施用。贮存时选择低温、避光、通风、干燥的地方。

第二，了解微生物的作用、适用作物及施用技术，如根瘤菌用于豆科作物共生固氮，豆科作物不同品种又有不同的根瘤菌肥。

第三，提倡"早、近、匀"的施用技术，即施用时间要"早"，随肥施用；施入地点离作物根系要"近"；种子与肥料要拌"匀"。

第四，提倡与有机肥混施，可以提高施用效果。

第五，避免阳光长时间直射，施后及时覆土，减少微生物死亡。

第六，不宜与化肥、杀菌剂等农药混用，以免影响肥效。

六、氨基酸肥料

氨基酸是构成蛋白质的基本单位，广泛存在于动、植物体内，可以分子态被植物吸收，具有提高作物产量和品质、增强作物抗性、改善生态环境的特性。

氨基酸肥料是含有氨基酸类物质的肥料，主要是含氨基酸的水溶性肥料，经水溶解或稀释，用于灌溉施肥、叶面施肥、无土栽培、浸种蘸根等用途的液体或固体肥料。

（一）氨基酸肥料的来源

氨基酸肥料的主要生产工艺是水解或微生物发酵，大部分来源于以下2个方面。

1. 动物毛发和植物边角料　利用动物毛发和植物边角料提取各种氨基酸和制造氨基酸肥料。例如，王永红利用菜籽饼粕为

主要基质，添加 14.1% 麸皮，控制基质含水量 54.4%，起始 pH 值 9.15，接种 5% 混合菌种（嗜麦芽糖寡养单胞菌和短小芽孢杆菌），发酵 6 天，生产含游离氨基酸和小肽的肥料。何珍珍应用稀硫酸溶液水解废丝废茧蛋白，反应结束后加 Ba（OH）$_2$ 中和反应液，减压过滤后离心，得氨基酸水解液。大量的工农业废弃蛋白原料可为生产氨基酸肥料提供廉价的原料。

2. 发酵废液　某些发酵工业提取所需氨基酸后，废液中仍含有大量的其他氨基酸，利用这些废液生产混合氨基酸肥料。例如，利用谷氨酸发酵废液生产氨基酸植物营养液，其营养丰富、肥效高，易使用。经检测，谷氨酸及各种衍生氨基酸含量达到 17.84%，水分 43.92%，有机质为 22.05%，全氮 5.94%，全磷 2.31%，全钾 0.09%，其余为残糖、微量元素等，具有溶解快、易吸收、肥效高等优点，其丰富的营养成分在改善土壤环境、提高肥力、提高产量和作物抗性方面表现突出。

（二）含氨基酸水溶肥料标准

根据农业部含氨基酸水溶肥料标准 NY 1492—2010，含氨基酸水溶肥料应符合表 5-4 至表 5-7 的标准。

表 5-4　中量元素型固体氨基酸肥料

项　目	指　标
游离氨基酸含量（%）	≥ 10
中量元素含量（%）	≥ 3
水不溶物含量（%）	≤ 5
pH 值（250 倍稀释后）	3～9
水分（%）	≤ 4

注：中量元素含量指钙、镁等元素含量之和，产品应至少包含 1 种中量元素，含量不低于 0.1% 的单一重量元素均应计入中量元素含量中。

表 5-5 中量元素型液体氨基酸肥料

项 目	指 标
游离氨基酸含量（克/升）	≥ 100
中量元素含量（克/升）	≥ 30
水不溶物含量（克/升）	≤ 50
pH 值（250 倍稀释后）	3～9

注：中量元素含量指钙、镁等元素含量之和，产品应至少包含 1 种中量元素，含量不低于 0.1% 的单一重量元素均应计入中量元素含量中。

表 5-6 微量元素型固体氨基酸肥料

项 目	指 标
游离氨基酸含量（%）	≥ 10
微量元素含量（%）	≥ 2
水不溶物含量（%）	≤ 5
pH 值（250 倍稀释后）	3～9
水分（%）	≤ 4

注：微量元素含量指铜、铁、锰、锌、硼、钼元素含量之和。产品应至少包含 1 种微量元素。含量不低于 0.05% 的单一微量元素均应计入微量元素含量中。钼元素含量不高于 0.5%。

表 5-7 微量元素型液体氨基酸肥料

项 目	指 标
游离氨基酸含量（%）	≥ 100
微量元素含量（%）	≥ 20
水不溶物含量（%）	≤ 50
pH 值（250 倍稀释后）	3～9

注：微量元素含量指铜、铁、锰、锌、硼、钼元素含量之和。产品应至少包含 1 种微量元素。含量不低于 0.05% 的单一微量元素均应计入微量元素含量中。钼元素含量不高于 0.5%。

（三）应用中的注意事项

1. 与无机氮肥配合施用　氨基酸肥料不能完全替代无机氮肥，应与无机氮肥配合施用，且与无机氮肥配合施用才能取得应有的效益和效果。实践证明，在测土配方施肥基础上，氮肥减量10%～15%，既可达到稳产或增产目的，也可起到减少环境污染的作用。

2. 选择合适用量　氨基酸肥料可进行土施、叶面喷施、树干涂抹、随水施入等方法，应根据施用方法、肥料种类、氨基酸含量等因素确定合适施用量。每种肥料都有其最适的施用量，超出用量范围即会产生不利影响。

樱桃施用氨基酸的试验尚少，各果园应根据不同情况灵活应用，不可不加分析，照抄照搬别人的施用量。最好先做小型试验，然后大面积施用。

3. 注意采用新型氨基酸肥料　如氨基酸微量元素螯合肥。无机微肥吸收生化功能较差，易被土壤固定，且微量元素间有明显的拮抗作用，利用率低、难以满足植物生长的需要；利用氨基酸等作为螯合剂生产螯合微肥成本较低。现已制备出含钼、锌、铜、铁、锰等多元微肥，具有抵抗干扰、缓解金属离子间的拮抗作用、良好的化学稳定性、易被植物吸收利用等特点，而且失去金属离子还原后的氨基酸本身还具有营养作用，也是促进植物生长的优质氮肥。

七、蚯蚓粪

蚯蚓粪是蚯蚓吞食农作物秸秆、禽畜粪便、污泥等有机废弃物后在蚯蚓消化系统各种酶类及蚯蚓与环境中微生物的共同作用下，消化、分解，进而排泄出来的物质。它具有生物肥、生物有机肥、有机肥、氨基酸肥、腐殖酸肥、菌肥、微肥的特

点，是生产无公害农业和绿色食品一种高效的有机肥料及土壤改良剂。

（一）蚯蚓粪的理化特性

1. 物理性质 蚯蚓粪是一种黑色或灰黑色、有自然泥土味的细碎物质，大多是 0.5～3 毫米粒径的颗粒状或椭圆状团聚体，有时也可再黏结成 2～3 厘米团块状，因蚯蚓种类、食物及蚯蚓消化程度不同，蚯蚓粪的理化性质有所差异。

蚯蚓粪的颗粒均匀、无味、卫生，具有很好的孔隙性、通气性、排水性和高的持水量，有很大的表面积，保水透气能力比一般土壤高 3 倍，表面面积比消化前提高 100 倍以上，能提供更多的机会让土壤与空气接触，从根本上解决土壤板结问题。

2. 化学性质 蚯蚓粪中含有丰富的有机质、腐殖质，以及植物生长所需的氮、磷、钾等大量元素和铁、锰、铜、硼等多种微量元素。蚯蚓粪中的有机质含量为 20%～39.2%，腐殖质含量为 11.7%～25.8%，全氮为 0.32%～2.13%，全磷为 0.72%～1.72%，全钾为 0.4%～2.01%。全氮含量比一般土壤高 1～14 倍，速效磷高 10～17 倍，速效钾高 8～11 倍。

此外，蚯蚓粪中还含有氨基酸、植物生长激素，以及磷酸酶、脲酶、蔗糖酶等各种酶类物质。pH 值多呈中性至偏碱性。

3. 生物学性质 蚯蚓粪中富含细菌、放线菌和真菌等微生物类群，营养物质丰富，其中的细菌数量在第一周内还会成倍增加。

总之，蚯蚓粪将有机物—微生物—生长因子合理结合起来，从而达到改善土壤环境，增强植株抗病性，调高产品质量的目的。

（二）蚯蚓粪的应用

蚯蚓粪的特性决定了蚯蚓粪具有较广泛的用途。目前主要应

用于以下几个方面。

1. 作生物肥 蚯蚓粪特殊的理化性质和生物学性质，决定了其可作为园林花卉、温室大棚的高档有机肥，又是瘠薄、板结土壤的改良剂，而且能改造盐碱地。

2. 土壤污染修复剂 蚯蚓粪疏松、多孔、比表面积大，可以调节和改变重金属在土壤中的物理、化学性质，能使重金属产生沉淀、吸附、络合等一系列反应，降低其在土壤环境中的生物有效性，减少植物对重金属的吸收，从而遏制重金属进入食物链，降低植物中毒的发生率。

3. 抑制植物病虫害 添加蚯蚓粪对土壤中的病原微生物有明显的抑制作用，能够遏制病原菌繁殖，减轻土传病害的发生，增强植株的抗性。

此外，蚯蚓粪还可作饲料、吸附剂、解毒剂等，用于养殖、食品、化工等行业。

第六章
施肥原则和方法

一、施肥依据

众所周知，施肥可以补充和增加土壤养分的含量，合理施肥可以促进产量和品质的提高。而要做到合理施肥，就必须了解施肥的相关基本理论。

（一）矿质营养学说

植物体是由许多化合物构成的，这些化合物又由不同的元素组成。现已发现在不同的植物体中有 60 种以上的化学元素，其中碳、氮、磷、钾、钙等 16 种元素是植物所必需的，称为必需的营养元素。之所以说这 16 种元素是必需营养元素，是因为这些元素能满足高等植物必需营养元素的三个标准：①该元素是植物正常生长和生殖所不可缺少的，缺少了植物就不能完成生活史。②植物缺乏该元素出现的病症，加入该元素可逐渐消除，不能用别的元素替代。③该元素的作用是直接的，不是由于它改变了植物的其他生活条件（如促进或抑制其他元素的吸收，改变土壤 pH 值，影响土壤微生物的活动等）而造成的。

一般来说，碳、氢、氧、氮、磷、钾、钙、镁、硫这 9 种元素称为大量元素；氯、硼、钼、铜、锌、铁、锰 7 种元素称为微量元素。

这 16 种元素中，碳、氢、氧主要来自于空气和水，其他元素主要来自于土壤。所以，施肥的时候，要考虑土壤中是否含有充足的、能被樱桃树吸收利用的除碳、氢、氧以外的各种必需营养元素；若不足，必须人工施入。尽管植物对这些元素的需要量不同，但它们都有各自的特殊的生理功能，不能相互替代，既要重视大量元素的施用，也要重视微量元素的施用。

（二）养分归还学说

1840 年，德国化学家、现代农业化学的倡导者李比希（J. V. liebig）提出了养分归还学说。他认为，植物在生长发育过程中以各种不同方式从土壤中不断地吸取它生长所必需的矿质养分，每次收获，必然要从土壤中带走一些养分，这样土壤中这些养分就会越来越少，从而变得贫瘠。采取轮作倒茬只能减缓土壤中养分物质的贫瘠或是较协调地利用土壤中现有的养分，但不能彻底解决养分贫瘠的问题。为了保持土壤肥沃，就必须把植物取走的矿质养分和氮素以肥料形式全部归还给土壤；否则，土壤迟早会变得十分贫瘠，甚至寸草不生。作物产量有 40%～80% 的养分来自土壤，但土壤不是一个取之不尽、用之不竭的"养分库"，必须依靠施肥的形式，把作物带走的养分"归还"于土壤，才能使土壤保持原有的生命活力。

根据这一学说，人们必须不断地向土壤中施入各种被植物吸收走的营养元素，以弥补土壤中的损失，而且施入的量要大于消耗的量，这样土壤才会越种越肥。

（三）最小养分定律

李比希继提出养分归还学说之后，1843 年又进一步提出了最小养分律的观点。该观点的中心内容是：植物为了生长发育，需要吸收各种养分，但是决定和限制作物产量的却是土壤中那个相对含量最小的营养元素。也就是说，植物产量受土壤中相对含

量最小的营养元素的控制，产量的高低随这种养分的多少而增减变化。

最小养分律指出了限制作物产量的关键养分，为了提高作物产量必须首先补充这种养分。某种养分如果不是最小养分，即使把它增加再多也不能提高产量，而只能造成肥料的浪费。最小养分是指按照作物对养分的需要来说土壤中相对含量最少的那种养分，而不是土壤中绝对含量最小的养分。

（四）报酬递减律

当某种养分不足限制了作物产量的提高时，通过施肥补充养分，可获得明显的增产。然而，施肥量和产量之间并不是简单的正相关关系，当施肥量超过一定限度，作物产量随着施肥量的增加呈递减趋势，肥料报酬出现负效应。施肥要有限度，这个限度就是获得最高产量时的施肥量，超过施肥限度，就是盲目施肥，必然会遭受一定经济损失。

在利用肥料报酬递减律时，必须注意只有在技术不变和包括另外肥料投入在内的其他资源投入保持在某个水平的前提下，肥料的报酬才是递减的。如果技术进步了，并由此使其他资源投入改变了投入水平，且形成了新的协调关系，肥料的报酬必然提高。随着农业科学技术的进步，肥料报酬有增加的趋势。

（五）因子综合作用律

因子综合作用律认为：作物生长发育的好坏和产量的高低取决于全部生活因素的适当配合和综合作用，如果其中任何一个因素与其他因素失去平衡，就会妨碍植物正常生长，最后将在产品上表现出来。

影响作物生长发育的因子很多，如水分、光照、温度、空气、养分、品种等。为了使作物健壮地生长发育，获得较高的产量，必须满足与之有关因素的需要，与此同时，还必须使这些因

素之间有良好的协调关系。如果其中一个因素供应不足、过量或与其他因素关系不协调，就会使作物不能健壮地生长发育而降低产量，因为在作物生产过程中，各有关因素之间存在着因子综合作用律。

根据因子综合作用律，施肥时不能只考虑养分的种类和数量，还要考虑影响肥效发挥的其他因素，只有充分利用各生产因素之间的综合作用，才能做到用最少的肥料投入获取最大的经济效益。也就是说，为了充分发挥肥料的增产作用，施肥必须与其他农业技术措施相结合；同时，还要重视各种养分之间的配合作用。

二、施肥原则

根据甜樱桃植株对养分的需求规律，施肥应遵循以下原则。

第一，营养全面。樱桃在生长发育过程中，需要各种各样的营养物质，因此在施肥时必须同时考虑樱桃对必需营养元素的需求，以及有益营养元素的要求，以施肥的基本理论（矿质营养学说、最小养分定律、因子综合作用律等）为指导，施入樱桃生长发育所需要的所有营养物质，不可厚此薄彼，引起缺素或产量、品质的下降。

第二，增加树体营养储备。由于甜樱桃在萌芽、开花、坐果期间需要大量的营养物质，而这些营养物质主要来自于上年的树体储备，如果储备的营养不足会严重影响樱桃的新梢生长和开花结果。因此，不论采取何种方式，施入何种肥料，在何时施肥，其目的都是提高樱桃植株的营养储备水平，凡能提高树体营养储备的施肥措施或其他技术措施都是正确的。

第三，少量多次。由于甜樱桃根系功能较弱，不可一次大量施肥。少量多次施入可以使根系较好地吸收利用。

第四，水肥并施。根据甜樱桃根系抗旱性差的弱点，每次施肥必须辅以供水，水肥并施方可发挥肥效。

第五，多点浅施。同样是由于甜樱桃根系分布浅，施肥时应浅施。多点施肥可使全方位根系功能得以发挥，防止树冠内膛小枝死亡。

第六，地上、地下结合。由于甜樱桃叶大、叶密，适合叶面追肥，故应特别予以重视。

第七，有机肥料与无机肥料配合施用。有机肥料虽然有许多优点，但是它也有一定的缺点，如养分含量少、肥效迟缓、当年肥料中氮的利用率低（为20%～30%），因此在作物生长旺盛、需要养分最多的时期，有机肥料往往不能及时供给养分，常常需要用追施化学肥料的办法来解决（表6-1）。

表6-1　有机肥料和化学肥料的特点比较

项　目	有机肥料	无机肥料
对土壤的影响	含有机质多，有改土作用	能供给养分，但无改土作用
养分种类与含量	含多种养分，但含量低	养分种类单一，但含量高
肥效快慢	肥效缓慢，但持久	肥效快，但不能持久
淋失快慢	有机胶体有很强的保肥能力	浓度大，有些化肥有淋失问题
养分全面与否	养分全面，能为增产提供良好的营养基础	养分单一，可重点提供某种养分，弥补其不足

因此，为了获得高产，提高肥效，就必须有机肥料和化学肥料配合使用，以便相互取长补短，缓急相济。而单方面地偏重于有机肥或无机肥，都是不合理的。

三、施肥时期

（一）确定施肥时期的依据

1. 樱桃树需肥的物候期　物候期标志着果树的生命活动的

强弱和吸收消耗营养的程度。研究发现。树体营养的分配，首先是满足生命活动最旺盛的器官，即生长中心，也是养分分配中心。随着物候期的推进，分配中心也随之转移。在萌发展叶开花期，幼嫩叶、枝和花器需要的营养最多；在果实迅速膨大期，果实需要的营养最多；在花芽分化期，芽内需要的营养最多。同时，樱桃树的物候期有重叠现象，从而影响分配中心的波幅，出现养分分配和供需的矛盾。例如，甜樱桃开花与新梢生长、硬核与花芽分化同时进行，因而必须施足肥料，才能协调生长和结果的矛盾，提高坐果率，增加产量。因此，掌握樱桃树的物候期的进展和养分分配规律，才能适期施肥。

樱桃树在年周期中不同物候期对各种营养元素的需要量各异。萌发抽梢展叶时，需氮素最多。在生长中期和果实迅速膨大期，钾的需要量增高，80%～90%的钾是在此期吸收的。磷的吸收在生长初期最少，花期以后逐渐增多，以后无多大变化。

根系活动状况也是确定施肥时期的标志之一，樱桃树萌芽前根系开始生长和吸收。因此，施肥应于萌芽前进行，过早，易流失；过迟，会导致枝梢徒长，造成落果。中后期供氮时应在新梢停长和根系生长高峰期进行，否则会促进枝梢二次生长，影响坐果、成花和安全越冬。

2. 土壤中营养元素和水分变化规律　土壤营养元素的动态变化与土壤耕作制度有关。清耕果园，一般是春季氮素含量少，夏季有所增加；钾素含量与氮素相似；磷素含量则不同，春季多，夏季较少。间作的果园其土壤中养分含量又有所不同。若间作豆科作物，春季氮素较少，夏季因固氮菌的作用使土壤中氮素增多，特别是种豆科绿肥且进行压绿后，后期氮素增加更多。

3. 肥料特性　肥料种类不同，施肥时期也有所差异。易流失挥发的速效性或施后易被固定的肥料，如碳酸氢铵、硝酸铵、过磷酸钙、微量元素肥料等宜在果树需肥稍前施入；缓效性肥料如有机肥料，需经微生物腐解矿质化后才能被果树吸收利用，故

应提前施入。同一种肥料因施用时期不同而肥效各异。例如，同量的硫酸铵秋施较春施开花百分率高，干径增长量大，1年生枝含氮量也高。因此，肥料应在临界期或最大效率期施用，才能充分发挥其最佳肥效。

（二）基肥施用时期

基肥是指在较长时期供给果树多种养分的基础肥料，以有机肥为主，如腐殖酸类肥料、堆肥、厩肥、粪肥、圈肥、绿肥等，令其逐渐分解，不断地供给果树生长季节所需的大量元素和微量元素。

1. 基肥的施用时期　基肥以秋施为好，一般应在9月中下旬到落叶之前完成为好，宜早不宜晚。在9月份完成的要浇1次透水，凡是在落叶之前没有完成的，必须在封冻前完成。

2. 施肥要求　第一，无论何种肥料，必须将肥料施到根系分布区，引导根系向下伸展，以便于吸收，充分发挥肥效。第二，施有机肥料或无机化学肥料，一定要与土壤充分混合均匀，避免肥害，防止灼伤根系。有浇水条件要尽量浇1次水，使根系和土壤紧密结合。第三，秋施基肥要做到开沟随树冠扩大而外移，逐年加深，深度一般为40厘米左右，沟与沟之间不留隔墙，最好隔年变换开沟位置。

3. 秋施基肥的优点

（1）可以提高土壤中有机质含量　目前，我国大部分果园有机质含量都在1%以下，而生产优质果，一般要求果园有机质含量达到2%～3%，增施有机肥可以有效增加土壤中有机质的含量，从根本上改善土壤的营养状况。但有机肥属于迟效性肥料，需要一定时间充分腐熟分解后才能被果树吸收利用，早秋施肥时地温仍较高、土壤含水量适宜、微生物活动旺盛，有利于有机质的分解，所以秋季施肥要适当早施。

（2）有利于果树吸收　秋季也是樱桃根系的一个生长高峰

期，会产生大量的吸收根，此时施肥既利于养分分解，也有利于改善土壤的通透条件，增加根系的活力，从而促进根系对养分的吸收能力。

（3）**提高树体储存营养水平**　早秋叶片尚具有较强的光合能力，此时施肥，特别是有机肥料和无机肥料联合使用，可保持和延长叶片的生理功能，制造更多的营养物质。秋季落叶前，叶片中的蛋白质水解成氨基酸转运到根系、枝、干皮层后又转化成蛋白质储藏起来，翌年春天芽萌动时，利用储存的营养供果树萌芽、开花和新梢生长。此期施肥，叶片利用施入的养分通过光合作用可积累更多的营养物质，为翌年的丰产打好基础。

（4）**利于伤根愈合**　秋施基肥时会伤一部分根系，这时根系正处于一个生长高峰期，伤根容易愈合，并且切断部分细小根可促发新根，增强根系的吸收能力和生长。

（5）**增强微生物的活动**　增施有机肥可疏松土壤，改善土壤的水、肥、气、热状况，有利于微生物的活动。

此外，秋季增施有机肥有利于积雪保墒，提高地温，防止根际冻害。

寒冷地区果树落叶后土壤结冻前施基肥，因地温降低，伤根不易愈合，肥料分解慢，效果不如秋施基肥。春施基肥，因肥效迟缓而不能及时满足早春根系生长所需；到后期往往导致枝梢再次生长，影响花芽分化和果实发育。因此，基肥施用时期应在早秋施用较好。

4. 施用时的注意事项

（1）**有机肥与无机肥相结合**　有机肥养分全，肥效长，持续供肥能力强，并可提高土壤有机质含量，促进土壤团粒结构形成，提高土壤能力，活化根系，促进吸收，改良土壤；无机肥料（化肥）养分种类单纯，有效成分含量高，肥效起效快，但无改良土壤作用，甚至使土壤板结、肥力减退。因此，两者配合施用，可以取长补短，互相增效，但要以有机肥为主、无机

肥为辅。

（2）**大量元素与中微量元素相结合**　由于树体和果实生长消耗大量养分，造成土壤中营养元素的缺乏，往往出现小叶病、黄叶病等生理病害。因此，施肥时需要根据土壤分析和叶片分析，添加适当的微量元素，如锌、铁、硼、钙等。

（3）**矿质元素与微生物肥相结合**　由于长期使用无机肥料，导致土壤板结，使土壤多数生物区系遭到极大破坏，抑制了对土壤养分、能量的分解、合成、转化利用，抑制了对土壤有害物质的降解作用。通过向土壤补充一定数量的微生物（生物有机肥），可以改善土壤现状。

（4）**施肥与土壤调理剂相结合**　长期施用化肥的果园，增产作用不明显时，说明物质营养已在土壤中发生了拮抗作用，树体发生了生理病害，土壤活化性状已发生改变。施肥时混入土壤调理剂，可以提高肥效，减少肥力流失，缓解环境污染，并可降低化肥对土壤的破坏作用，增强作物抗性，改善果品。土壤调理剂，每 667 米^{2}使用量为 100～150 千克。

（5）**肥水结合**　如果施肥时降雨较少，土壤较干旱，应在施肥后充分浇水，起到以水调肥、以肥调水的目的。

（6）**连年施用**　同量有机肥料连年施用比隔年施用增产效果好。

（三）追肥施用时期

追肥是在基肥基础上的补肥，是根据果树各物候期需肥的特点和缺肥情况而及时适量补施速效肥料。追肥是在果树生长旺盛期间施用的肥料，其作用是调节生长结果的矛盾，保证高产、稳产、优质的需要。从理论上说，萌芽、开花、坐果、抽梢、果实迅速膨大、花芽分化等时期，都是需肥的关键时期，也是追肥的显效期。但不同树种、品种，不同树体及不同的土壤营养状况等，其追肥时期也有所不同，并不是每一株树的每一个时期都需追肥，要根据果树长势与需肥情况而定，否则会打破正常的平衡，不利于果树正常生长与结果。

　　追肥的时期与次数与气候、土质、树种、树龄、树势等条件有关。沙质土壤，肥料宜流失，追肥次数宜多；结果树、高产树追肥次数宜多。一般1年追肥4次左右。根据实际情况，可酌情增减。

　　1. 花前（萌芽）追肥　此时正值果树萌芽开花、根系生长的生理活跃初期，需要消耗大量营养物质。但早春地温较低，吸收根发生较少，吸收能力也较差，主要是靠消耗树体储存养分。若树体营养水平较低，此时氮肥供应不足，则导致大量落花落果，树势减弱。因此，对弱树、老树和结果过多的大树，此期应加大氮肥用量，促进萌芽、开花整齐，提高坐果率，加速营养生长。若树势强，秋施基肥数量充足时，花前肥也可推迟到花后。在早春干旱少雨地区，追肥必须结合浇水，以便迅速发挥肥效。

　　2. 花后追肥　花后追肥也称稳果肥，是在落花后坐果期施入。花后也是樱桃树年周期中需肥较多的时期。此期幼果细胞分裂增生，枝梢迅速抽发，特别是对氮素需求量大。追施以速效氮肥为主，配施少量磷、钾肥，能促进枝梢生长，扩大叶面积，增加叶绿素含量，提高光合效能，有利于碳水化合物和蛋白质的形成，减少生理落果。一般果园花前肥和花后肥可互相补充，如花前肥追施量大，花后可少施或不施。但这次追肥必须根据樱桃树的生物学特性和需肥特性酌情施用。

　　3. 果实发育初期肥　此期正值部分新梢停长，花芽开始分化，果实生长迅速，需肥水量大。追肥可提高光合强度，促进养分积累，提高细胞液浓度，有利于果实肥大和花芽分化。此次追肥既保证当年产量，又为翌年结果奠定营养基础。

　　此期主要是追施氮肥和磷肥，并适当配施钾肥。追肥不能过早，正赶上新梢生长和果实膨大期，施肥反而容易引起新梢猛长，造成大量落果。对结果不多的大树或新梢尚未停长的初果

树，要注意氮肥适量施用。

4. 果实采收后追肥 此期追肥主要是解决大量结果造成树体营养物质亏缺和花芽分化的矛盾。尤以晚熟品种后期追肥更为重要。

四、施肥的方法

（一）土壤施肥

土壤施肥必须根据根系分布特点，将肥料施在根系集中分布层内，便于根系吸收，发挥肥料最大效用。果树的水平根一般集中分布于树冠外围稍远处，而根系又有趋肥特性，其生长方向常以施肥部位为转移。因此，将有机肥料施在距根系集中分布层稍深、稍远处，诱导根系向深广生长，形成强大根系，扩大吸收面积，提高根系吸收能力和树体营养水平，增强果树的抗逆性。

施肥的深度和广度与品种、树龄、砧木、土壤和肥料种类等有关。樱桃树根系强大，分布深而广，施肥宜深，范围也要大些。幼树根系浅，分布范围不大，以浅施、范围小些为宜，随树龄的增大，根系的扩展，施肥的范围和深度也要逐年加深扩大，以满足果树对肥料日益增长的需要。沙地、坡地及高温多雨地区，养分易淋洗流失，宜在果树需肥关键时期施入；且要多次薄施，提高肥料利用率，基肥要适当深施，增厚土层，提高保肥、保水能力。

各种肥料元素在土壤中的移动性不同，因此施肥深度有所不同。例如，氮肥在土壤中移动性强，即使浅施也可渗透到根系分布层内，供果树吸收利用。钾肥移动性较差，磷肥移动性更差，故磷、钾肥宜深施，尤以磷肥宜施在根系集中分布层内，才利于根系吸收，以免磷肥在土壤中被固定，影响果树吸收。为了充分发挥肥效，过磷酸钙或骨粉宜与厩肥、堆肥、圈肥等有机肥料混合腐熟，施用效果较好。基肥以迟效性有机肥或发挥肥效缓慢的复合肥料为主，应适当早施深施；追肥一般为速效性养分，肥效快，可在果树急需时期稍前施入。施肥效果与施肥方法有密切关系。现将生产上常用的施肥方法介绍如下。

1. 环状施肥　又叫轮状施肥，是在树冠外围稍远处挖环状沟施肥。沟宽30～50厘米，深20～40厘米，把肥料施入沟中，与土壤混合后覆盖（图6-1）。此法具有操作简便、经济用肥等优点。但易切断水平根，且施肥范围较小，易使根系上浮分布于表土层，一般多用于幼树。

图6-1　环状施肥

间断式环状施肥：此法与环状施肥类同，只不过将环状中断为3～4个弧形槽。此法较环状施伤根较少。隔次更换施肥位置，可扩大施肥部位（图6-2）。

图6-2　间断式环状施肥

2. 放射状沟施肥 在树冠下，距主干1米以外处，顺水平根生长方向放射状挖5～8条施肥沟，宽30～50厘米，深20～40厘米，将肥施入（图6-3）。为减少大根被切断，应内浅外深。可隔年或隔次更换位置，并逐年扩大施肥面积，以扩大根系吸收范围。这种方法较环状施肥伤根较少，但挖沟时也要少伤大根，可以隔次更换放射沟位置，扩大施肥面，促进根系吸收；但施肥部位也存在一定的局限性。

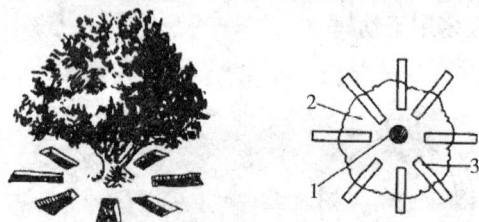

图6-3 放射状沟施肥
1. 树干 2. 树冠投影 3. 放射状沟

3. 条状沟施肥 在果园行、株间或隔行机械开沟施肥，也可结合土壤深翻进行。即在果树行间、树冠滴水线内外，挖宽20～30厘米、深30厘米的条状沟，将肥施入，也可结合深翻进行。每年更换位置（图6-4）。此法适宜于宽行密株栽植的果园采用，较便于机械化作业。

4. 穴状施肥 即在树冠外围滴水线外，每隔50厘米左右环状挖穴3～5个，直径30厘米左右，深20～30厘米（图6-5）。此法多用于追肥，如施液态氮、磷、钾肥或人粪尿、沼气肥液等，以减少与土壤接触面，免于被土壤固定。

5. 全园施肥 成年樱桃树或密植樱桃园，根系已布满全园时可采用此法。将肥料均匀地撒布园内，再翻入土中。但因施入较浅，常导致根系上浮，降低根系抗逆性。此法若与放射沟施肥隔年更换，可取长补短，发挥肥料的最大效用。

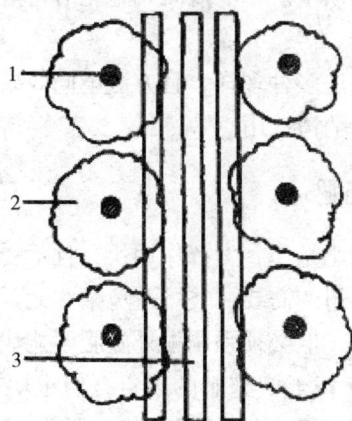

图6-4 条状沟施肥
1.树干 2.树冠 3.条状沟

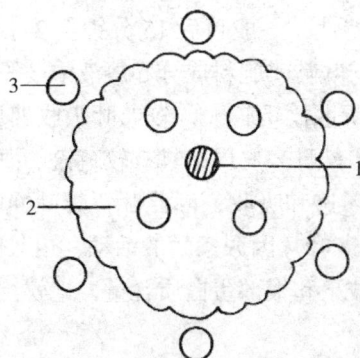

图6-5 穴状施肥
1.树干 2.树冠投影 3.施肥穴

6. 灌溉式施肥 近年来，广泛开展灌溉式施肥研究，尤以与喷灌、滴灌结合进行施肥的较多。实践证明，任何形式的灌溉式施肥，由于供肥及时，肥分分布均匀，既不伤根系，又保护耕作层土壤结构，节省劳力，肥料利用率高，可提高产量和品质，

降低成本，提高劳动生产率。灌溉式施肥对树冠相接的成年树和密植果园更为适合。

总之，施肥方法多种多样，且方法不同效果也不一样；应根据果园具体情况，酌情选用。

（二）根外施肥

简单易行，用肥量小，发挥作用快，且不受养分分配中心影响，可及时满足果树的需要，并可避免某些元素在土壤中化学的或生物的固定作用。但必须强调根外施肥不能代替土壤施肥，要反对用叶面施肥代替土壤施肥的观点，但土壤施肥和根外施肥各有优缺点，应将二者结合起来，使之互为补充，以发挥施肥的最大效果。常用的根外施肥方法有叶面喷肥、枝干注射肥料、枝干涂肥。

1. 叶面喷肥　叶片是制造养分的重要器官，而叶面气孔和角质层也具吸肥特性，一般喷后 15 分钟至 2 小时即可吸收。但吸收强度和速率与叶龄、肥料成分和溶液浓度等有关。幼叶生理功能旺盛，气孔所占比重较大，较老叶吸收速度快，效率也高；叶背较叶面气孔多，且表皮层下具有较疏松的海绵组织，细胞间隙大而多，利于渗透和吸收，因此叶背较叶面吸收快。据 Titus（1973）报道，衰老叶片因尿素酶的活动，也具吸收氮素的功能；秋季喷后可提高枝条和根部蛋白质含量，这就给后期根外追肥提供了依据。

叶面喷肥可提高叶片光合强度 0.5～1 倍及以上，喷后 10～15 天叶片对肥料元素反应最明显，以后逐渐降低，至第 25～30 天则消失。据研究，根外追肥还可提高叶片呼吸作用和酶的活性，因而改善根系营养状况，促进根系发育，增强吸收能力，促进植株整体的代谢过程。

溶液的酸碱度对离子渗入速度也有影响，叶片和根部一样，从酸性介质中吸收离子较好，而从碱性溶液中吸收阳离子较优越。此外，溶液浓度浓缩快慢、气温、湿度、风速和植物体内的含水量状况等，都与喷肥效果有关。

叶面喷肥必须掌握与叶片吸收有关的内、外因素，才能充分发挥叶面喷肥的最大效果。

叶面喷肥的最适温度为 $18\sim25℃$，湿度较大些效果好。因而喷施时间于夏季最好在上午 10 时以前和下午 4 时以后，以免气温高，溶液很快浓缩，既影响吸收，又易发生药害。喷布前先做小型试验，确定不能引起肥害，然后再大面积喷布。

喷施的浓度以肥料的说明书为准，部分肥料的喷施浓度见表 6-2。

表 6-2　根外施肥的部分肥料浓度

肥料名称	水溶液浓度（%）	肥料名称	水溶液浓度（%）
尿　素	$0.3\sim0.5$	硝酸钾	0.5
硝酸铵	$0.1\sim0.3$	硼　砂	$0.1\sim0.25$
硫酸铵	$0.1\sim0.3$	硼　酸	$0.1\sim0.5$
磷酸铵	$0.3\sim0.5$	硫酸亚铁	$0.1\sim0.4$
腐熟人尿	$5\sim10$	硫酸锌	$0.1\sim0.5$
过磷酸钙	$1\sim3$	柠檬酸铁	$0.1\sim0.2$
氧化钾	0.3	钼酸铵	0.3
草木灰	$1\sim5$	硫酸铜	$0.01\sim0.02$
磷酸二氢钾	$0.2\sim0.3$	硫酸镁	$0.1\sim0.2$

2. 枝干注射施肥　枝干注射施肥是根据人体输液的原理，在树体的根茎部或主枝基部打孔，采用一定的注射装置，将按照对各种营养成分的需求比例研制成的专用肥料，由注射孔注入树体内，通过木质部导管运送到树体的各个部位，从而改善树体各部分的营养状况。注射施肥具有以下优点。

（1）**养分利用率高** 常规土壤施肥，肥料利用率仅能达到15%～50%，叶面喷肥也只能达到60%，而注射施肥可使肥料利用率达98%以上。

（2）**见效快** 注射施肥后几个小时，养分可运送到树体各个部位，而常规土壤施肥则需7天以上才能被树体吸收利用。

（3）**持效时间长** 以酥梨为试材证明注射施肥2年后，叶片的光合速率仍较对照高58.3%，叶绿素含量高31.1%，而微量元素的效果则可保持2～4年。

（4）**不污染环境** 注射施肥不存在肥料的挥发和淋失，不存在养分的固定和失效，也不会出现土壤酸化问题，更不会污染果面和树体。

（5）**效果好、投资少** 注射施肥后，果树开花整齐，叶大肥厚，叶色浓绿，光合效率高，果实品质好，高产稳产。

注射施肥时期在一年四季都可进行，但在休眠期注射较好。休眠期果树的生理活动弱，树液流动慢，细胞液浓度高，注射高浓度大剂量的营养肥料，树体伤害较小。同时，休眠期注射施肥，增加了树液中营养成分，可进一步增强果树的抗冻能力。

注射施肥的浓度与施肥的时期、原液的浓度及注射液的pH值关系较为密切。一般情况下，休眠期可采用较高浓度及较大剂量，生长期浓度要低，原液浓度高，则注射液浓度要较低，注射液pH值一般应为微酸性。

单株注入量是依果树主干直径的大小确定的，主干直径越大，注射剂量就越大。直径5～8厘米的小树单株注入剂量150～300毫米，直径增大1厘米，注射量可增加50毫米；直径9厘米以上直径每增大1厘米，注射量可增加100毫米；直径20厘米以上，剂量可增大更多。

注射部位在根颈部最好。注射孔数由树干直径的大小确定，一般直径5～7厘米钻1个孔，7～10厘米钻2个孔，10～15厘米钻3个孔，15～20厘米钻4个孔，20厘米以上钻6个孔。

注射孔的深度一般为主干直径的 2/3，主干直径达 15 厘米以上时，将全部钻头钻入树干即可。钻孔时钻头应与树干呈 80° 角，使营养液不易外漏。当树干较细时要注意钻孔不要在同一平面，以避免钻孔互通，而要使钻孔间的垂直距离在 5 厘米以上。另外，若钻多个孔，要使孔在树干上的水平距离分布均匀。

选择注入方法时可以用强力注射器，也可用高压喷雾器注射，还可用吊袋滴注法。用吊袋滴注法时，先钻好注孔，再将配好的、一定量的营养液装入滴注袋中，将袋垂直挂于高出注孔 1.5 米左右的枝杈上，插入滴注滴头即可，滴注过程中要随时检查有无漏洞发生。

注意该法在使用过程中如操作不当也会出现烧叶、烧枝、注孔伤流等现象。烧伤现象轻者表现为花瓣、花前小叶边缘干枯或花前叶片萎蔫，重者花前叶萎缩，花序不能够分离。烧叶、烧枝现象出现原因：一是使用的时间不当，在萌芽后使用，有可能出现烧伤；二是使用方法不当，使用浓度、使用剂量偏大，单向集中注射等，导致肥料在树体局部相对集中，而出现烧伤；三是气候因素影响，春季长期干旱、高温、又无灌溉条件易导致烧伤。

3. 枝干涂肥 为了补充树体营养，提高果品质量，一般在萌芽前、开花前后、果实膨大期，在树干上涂抹或喷涂果树氨基酸生物有机液肥或配制 1% ～ 5% 的其他营养液肥，通过枝干、皮层吸收，提高树体营养水平，增强抗性。多年的实践证明，该法对提高坐果率、提高品质、增加产量都有较好的效果。如果在药液中加入能促进渗透的药剂，则能加快树体的吸收，增强效果。

注意根外追肥虽然都能补充植物营养，起到增产作用，但这些措施只能起到快速补充肥料、临时解决营养缺少的问题，不能代替土壤施肥。

第七章
施肥量的确定

确定施肥量应考虑作物产量、土壤供肥量、肥料利用率和经济效益，以及气候和农业技术等条件。确定施肥量的方法主要有以下几种。

一、经验施肥

经验施肥法确定施肥量，是根据多年的实践经验，结合樱桃的产量水平、植株长势等因素来估测樱桃园土壤肥力状况，再根据樱桃的目标产量等综合因素确定施肥量。

经验施肥法确定施肥量有很大的局限性，因为不同果园树种、品种不同，肥水管理不同、整形修剪措施不同，植株对不同管理措施的反应不同，确定施肥量的标准不同。因此，在用经验施肥法来确定樱桃施肥量时，应因园而异。

虽然经验施肥法确定施肥量有很大的局限性，但是在熟知果园情况下，也是一种较为可靠、高效的方法。

二、营养诊断

营养诊断就是从植物长相、物质种类和数量、植株形态来判断在各种条件下正常生长发育和创造高产、稳产、优质所需物质的程度和反应，即通过各种方法调查判断植物的营养状况是处于缺乏、适当或过剩，为合理施肥提供依据。植物的生长发育与某种元素之间的关系见图 7-1 所示。

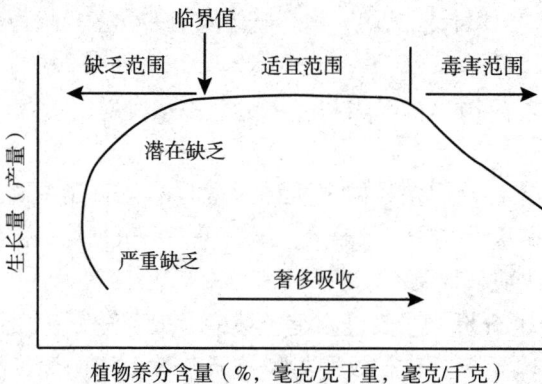

图 7-1 养分含量与植物生长量或产量的关系

近几十年来营养诊断主要是探讨各种营养元素在土壤、植物体内的数量和形态及元素之间、土壤与植物之间的关系，以及营养元素对生长发育、结果的作用。目前，已建立了较系统而完备的"叶分析"方法（不仅是叶片，有的指叶柄和叶鞘）、水培、沙培技术等。从中找出了营养诊断的代表部位、稳定时间及植物生长发育所需各元素的适量、过量和不足的界限，并研究了元素间的拮抗与协同作用及土壤和植物的测定指标。

（一）营养诊断方法

1. 器官分析 即通过测定植物特定器官（根、茎、叶、花、果实等）中的元素含量及其变化来进行营养诊断。其依据是营养元素含量的遗传稳定性。器官分析的关键是正确取样，取样应注意以下几点。

第一，取样时期。应在植株生长相对稳定、器官中营养元素

变动最小的时期取样，樱桃应在盛花后 8～12 周采样。

第二，注意寻找"靶器官"。靶器官是指某种元素含量高而且稳定，并对缺素敏感的器官或部位，如钙的靶器官为果实，氮的靶器官为细根。

第三，应以长期高产、稳产、优质树的元素含量为标准。

第四，样品采自 25～50 株树，分东南西北四个方位采样，叶分析时共需 100～200 片叶。若分析微量元素，则需 200～400 片叶。

2. 形态诊断 植株缺乏某种元素时，一般都在形态上表现某些特有症状，如失绿、畸形、现斑等，可依据植株的症状判断是否缺素或缺某种元素。

3. 土壤分析 一般是测定土壤的有效养分。矿质元素主要来源于土壤元素，其有效性与种植园有效土层的深度、理化性状、施肥制度等有关。因此，进行植株营养诊断时，还必须进行土壤分析诊断。主要测定项目包括有效土层厚度、机械组分比例、土壤腐殖质含量、土壤 pH 值、代换性盐基量、土壤含水量、可吸收态营养元素含量、微生物含量等。

4. 复原诊断 对呈现缺素症的植株进行浸泡、涂抹、注射、喷施某种元素，观察病症是否减轻或恢复正常。如樱桃叶片呈现失绿时，可将病叶分别浸泡在 0.1% 的硫酸亚铁、尿素、硫酸镁、硫酸锌等的葡萄糖水溶液内 1～2 天，几天后观察，若在某溶液中症状减轻，则表明植株缺少该元素。

（二）确定营养诊断指标

关于营养诊断指标曾有"临界值""丰富水平""亏缺范围""亏缺""标准值"等多种提法，但都缺乏明确的定义。Kenworthy（1937）建议用几个没有病症的叶片元素含量的平均值作为诊断指标，把它称为"标准值"。在应用标准值作指标时，还要求研究各种因子对标准值的影响，算出变异系数，用标准值

加上平均变异系数，即为该区域的诊断指标。国内曾用以下方法和途径确定诊断指标。

1. 通过田间试验确定营养诊断指标

①对生长正常的植株进行施肥试验，找出产量最高、品质最优的处理，该处理此时的植株营养水平即为最适含量。

②对于发生明显缺素症状的植株进行田间试验，与健康植株做比较，缺素植株经过处理以后恢复为正常植株的营养水平，也可以找到营养诊断指标。

2. 通过调查研究确定营养诊断指标

①在各地区广泛进行丰产植株、低产植株与不同类型植株的营养含量比较，以找出适宜的指标。

②调查各地区、各种植物缺素生理失调植株，并与其邻近地块无症状植株进行比较，以确定其适宜指标。

（三）确定施肥量

确定施肥量的具体方法见本章"三、配方施肥"。

三、配方施肥

（一）定 义

配方施肥，是综合运用现代农业科技成果，根据作物需肥规律、土壤供肥性能与肥料效应，在有机肥为基础的条件下，于产前提出氮、磷、钾和微肥的适宜用量和比例，以及相应的施肥技术。

该定义既考虑了"作物需肥规律""土壤供肥性能"与"肥料效应"等影响施肥效果的三个因素，也考虑了肥料的种类"有机肥为基础""氮、磷、钾和微肥"及"施肥技术"，是一个完整的技术体系，而不是一项具体的措施。它是指导如何根据当地的

生产条件，尤其是土壤肥力条件和作物品种条件，制订出具有针对性的、最适当的肥料配方及其施用的方法。

（二）配方施肥的基本方法

1. 地力分区（级）配方法　地力分区（级）配方法的做法是，按土壤肥力高低分成若干等级或划出一个肥力均等的田片，作为一个配方区，利用土壤普查资料和过去田间试验的成果，结合群众的实践经验，估算出这一配方区内比较适宜的肥料种类及其施用量。我国土壤养分分级指标目前尚没有统一的标准，根据有关资料综述于表 7-1。

表 7-1　我国土壤有效磷、有效钾的分级指标

有效磷			有效钾		
测试值 /（毫克 / 千克）	土壤磷养分评价	施磷肥效应	测试值 /（毫克 / 千克）	土壤钾养分评价	施钾肥效应
>20	足　够	无　效	125～208	足　够	无　效
<5	缺　乏	很有效	<83	缺　乏	很有效
5～10	中　等	有　效	83～170	中　等	有　效
>10	足　够	无　效	179～250	足　够	无　效

注：有效磷为华北地区，测试方法为 Olsen 法，浸提剂 0.5 摩尔 / 升 $NaHCO_3$；有效钾浸取剂 1 摩尔 / 升 NH_4OH（引自唐国昌等，2008）。

　　根据已有的实践经验，在一个配方区内定肥的准确度可以达到 80% 以上的面积，现在有很多地方采用。例如，将某一地区的果园按自然区域分为几个片，每片按地力分为 2～3 级，每级又以产量分为 1～2 个档次。然后在一个产量档次内利用土壤普查资料和田间试验成果，结合当地群众生产实践的经验分别估算出这一配方区内甜樱桃比较适宜的肥料及其施用量，从而确定这一配方区的配方施肥技术方案。有的把当地决定产

量的土壤养分测定值，作为分组参数来处理，划分土壤肥力等级。

"肥力分区配方法"是一个比较粗放的配方方法。但一个配方区的范围比较小，那里的土壤肥力、环境条件、产量水平的差异也比较小。在土壤普查时，这一区域内氮、磷、钾、微量元素及有否土壤障碍因素，一般都已了解清楚。在这一配方区内所进行的田间试验应用于同一区内的土地上，基本上能提出切合实际的配方施肥技术方案。所以，它的好处是有一定的针对性、提出的肥料品种和框定的用量和措施接近当地的经验，群众比较熟悉，容易接受，推广时的阻力比较小。但它的缺点是有地区局限性，依赖于经验较多，只适用于生产水平差异小、基础较差的地区。

2. 目标产量配方法 目标产量配方法是根据作物产量的构成，由土壤和肥料两个方面供给养分的原理来计算肥料的施用量。

目标产量就是计划产量，是肥料定量的最原始依据。因此，配方施肥的第一个环节，首先要把目标产量定下来，而后根据目标产量来核定肥料的用量。这是配方施肥不同于其他施肥技术的区别之一。目标产量并不是按照经验估计，或者把其他地区已达到的绝对高产作为本地区的目标产量，更不能从主观愿望出发定一个高指标，而是由土壤肥力水平来确定。

定产的经验公式。作物产量对土壤肥力依赖率的试验中，把土壤肥力的综合指标 X 和施肥可以获得的最高产量 Y 这两个数据成对地汇总起来，经过统计分析，两者之间同样也存在着一定的函数关系。它的通式是：

$$Y = \frac{X}{a+bX}.$$

这就是作物定产的经验公式。只要了解一块土地的肥力综合指标 X，就能计算出这块土地上可以获得的最高产量。每一种作物都有它自己的定产经验公式。

目标产量确定以后，就可以根据目标产量，计算作物需要吸收多少养分来提出应施的肥料量，目前已发展为以下2种方法。

（1）养分平衡法 以土壤养分测定值来计算土壤供肥量。作物、土壤和肥料三者的关系用"养分"表达，可用如下公式表示：

作物需要吸收的养分＝土壤能提供的养分＋应施肥料所含养分

应施的肥料养分，可以用下式计算出来：

应施的肥料养分＝作物需要吸收的养分－土壤可提供的养分

这就是著名的斯坦福（stanford）公式，在应用这个公式时，尚需进一步搞清以下2个问题。

①作物单位产量吸收量 依斯坦福公式，作物需要吸收的养分用下列计算公式得到：

作物需要吸收的养分＝目标产量×作物单位产量养分吸收量

式中，目标产量是已确定下来的，要解决的就是"作物单位产量养分吸收量"。作物单位产量养分吸收量是指作物每生产一个单位（如每千克，每100千克等）经济产量吸收了多少养分。一般的做法是，把地上部收获起来，对茎、叶、子实分别称重和分析它们养分的含量，并按重量计算出每667米^{2}绝对量，然后累加得到每667米^{2}含有养分的总量，再用经济产品的每667米^{2}单位重量去除这个总量，所得的商就是该作物单位产量吸收量。由于地下部（根系）或落花、落叶残留或回入土壤中，参与养分的周转，并没有带出土壤，所以不用计算在内。

由于作物是活的生物体，组织的化学结构比较稳定，作物对养分又有选择吸收的特性，作物单位产量养分吸收量应该是一个常数，在一般肥料手册中可以找到。

当然，同一作物单位产量吸收量也会出现小的差异，主要是受环境条件的影响。一般来说，南方比北方的要高一些。这是因为南方气候条件较好，植株的个体就生长得比较高大，吸收量就会较多。所以，引用单位产量吸收量就要考虑这个因素。选择近几年的而又比较接近当地条件的材料较好。另外，肥施不当，也会出现变动。在施肥适宜的范围内，植株具有调节的功能，吸氮量一般趋于稳定，所测定的值就非常接近（小的差异是由于取样和化验产生的误差）。当氮肥供应不足时，作物就会加强向老组织吸取氮素以保证幼嫩组织的生长发育。这就使体内的含氮量偏低，计算出来的单位产量吸收量也会偏低，这时称为"潜在缺肥"，外表是不易察觉的。当氮肥供给过量时，被强迫吸进植株体内的氮超过了作物构成正常组织的需要，出现组织生长亢进；还有相当一部分氮没有被利用，这就是我们经常说的体内"游离氮"增多。在这种情况下，一方面作物体内过剩的氮成为发病的基础，超过需要的吸收叫作"奢侈吸收"，表现为徒长，增加了病虫危害，使产量降低；另一方面分析得到的含氮量又会偏高。因此，产量偏低、吸氮偏高，就造成作物单位产量吸氮量提高的假象。

　　从这里使我们得出一个非常重要的规律，即作物单位吸收量和肥料效应曲线有着密切的相关（图7-2）。

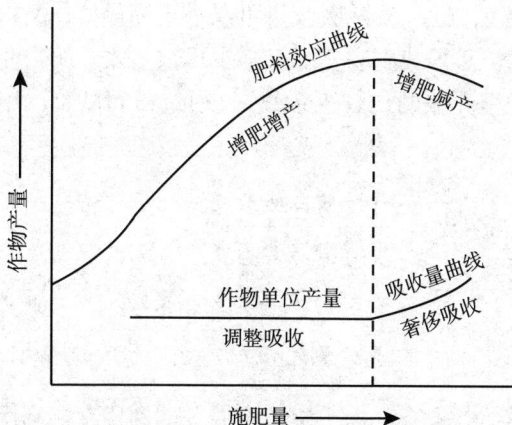

图 7-2　肥料效应曲线和作物单位吸收量关系示意图

由图 7-2 可以清楚地看出，当施肥量达到最大极限，进入增肥减产时，作物单位吸收量也同步进入奢侈吸收阶段。

此外，还须注意其他因素所引起的干扰。一般来说，子实含氮量比秸秆稳定。

②土壤养分的"换算系数"和"校正系数" 在斯坦福公式中，计算"土壤能提供的养分"通常是通过测定土壤含有多少速效养分来进行的，用"毫克／千克"来表示，然后计算出每 667 米² 田中含有多少养分，以每 667 米² 田表土 15 万千克计算，则 1 毫克／千克的养分在每 667 米² 田中所含的量为：

$$150\,000（千克）× 1 毫克／千克 = 0.15（千克）$$

0.15 被看作是一个常数，称为土壤养分的"换算系数"。例如，测得一丘田中土壤速效磷含量为 8 毫克／千克（奥尔逊法）：这丘田每 667 米² 含磷量为：8 × 0.15 = 1.2（千克）。但土壤具有缓冲的性能，因此土壤的任何测得值，只代表养分的相对含量，用换算系数得出的每 667 米² 养分千克数，实际上不是一个绝对值。不难理解，测出的千克数不可能全部得到利用；而由于土壤具有缓冲性能，又可以使缓效变成速效，作物能吸收未测出部分的养分。因此，实际吸收量可以小于测得值，又可以大于测得值。所以，必须找到它实际有多少可被吸收。所占测得值的比重，称为土壤养分的"校正系数"，通过田间试验，用以下公式求得：

$$校正系数 = \frac{作物实际吸收量}{土壤测定含有量}$$

$$= \frac{空白田产量×作物单位养分吸收量}{养分测定值（毫克／千克）× 0.15}$$

校正系数，也有称为土壤测定养分的利用率或利用系数，但必须注意与一般利用率只能小于 100% 的概念不同，它可以小于

100%，也可以大于100%。校正系数测定值的大小，也因土壤养分含量的高低而不同。

养分平衡法计算肥料需要量的公式如下：

肥料需要量＝（目标产量×作物单位产量养分吸收量－土壤养分
测定值×0.15×校正系数）÷（肥料养分含量×
肥料当季利用率）

（2）地力差减法 地力就是土壤肥力，用产量作为指标，作物、土壤、肥料三者关系用"产量"表达，其关系式：

目标产量＝土壤生产的产量＋肥料生产的产量

其中，"土壤生产的产量"是作物在不施任何肥料的情况下所得的产量，即空白田产量，它所吸收的养分，全部取自土壤，从目标产量中减去空白田产量，就应是施肥后所增加的产量。肥料的需要量可通过下列公式计算：

肥料需要量＝作物单位产量养分吸收量×（目标产量－空白田
产量）÷肥料中所含养分×肥料当季利用率

地力差减法的优点是不需要进行土壤测试，避免了养分平衡法每季都要测定土壤养分的麻烦，计算也比较简便，但空白田产量是决定产量诸因子的综合结果，它不能反映土壤中若干营养元素的丰缺状况，或者说哪一种养分是限制因子，只能根据作物吸收量来计算需肥量。如土壤缺磷，按产量计算出来的磷肥用量，是否已经满足作物的要求，是无法知道的。土壤的含钾量很高，而根据产量计算出来仍需施用钾肥，事实上也许是用不着施用钾肥，施用了会不会浪费了肥料，预先也不知道。同时，空白田产量、占目标产量中的比重，也就是产量对土壤的依赖率，是随着土地肥力的提高而增加的。当土壤肥力越高时，得到的空白田产量也越高；那么，应施肥而增产的产量也就越低，从这个产量计算出来的用肥水平也就越低。因此，产量越高，归还土壤的养分

越有可能不足，特别是氮肥用量不足最容易出现地力亏损而使土壤肥力下降，而在生产实践的短时间内，往往察觉不出来，这是必须引起注意的。

3. 肥料效应函数法　不同肥料施用量对产量的影响，称为肥料效应。肥料用量和产量之间的函数关系，在肥料效应曲线中已介绍了，这种关系，在不同土壤中也是不同的，但都要通过田间试验来确定肥料的最适用量。主要有以下3种办法。

（1）多因子、多水平田间试验法　应用正交设计、正交旋转设计和最优设计等不完全实施的试验设计方法进行肥料试验，建立肥料种类、施肥量、施肥时期与产量、质量的回归方程，从而计算出最适宜的肥料种类、施肥量和施肥时期。

此法的优点是，能客观地反映影响肥效诸因素的综合效应，精确度高、反馈性好。缺点是试验设置在不明土壤状况的条件下进行，基本上属于"黑盒法"，得出的结果，在不同年度、不同地区也不一样，不能将该试验的结果推广到与试验地条件差异较大的地区，所以地区的局限性很大；而且由于土壤肥力的不断变化，已得试验结果的时效也不长。因此，采用这一方法时，需要在不同类型的土壤上布置多点试验，研究它的相关性，通过统计分析找出它的规律，才能应用于不同地区。

（2）养分丰缺指标法　如前所述，测出的土壤速效养分，只是一个相对量，必须首先搞清楚与田间试验得出的结果是不是有一定的相关性，如果有这种相关性，才能作为配方施肥的参数应用；如果没有这种相关性，那么任何测定值都不能说明问题，是一个没有意义的数字。同样道理，通过田间试验，找到土壤测定值和作物产量之间存在的相关性，然后可以用土壤测定值按照一定的级差分为3级或5级，并以它相对应的产量换算成相对产量表示作物对养分的吸收，制成养分丰缺及供施肥用的检索表。使用时，只要取得土壤测定值，就可以对照检索表按级确定肥料的施用量。

制定养分的丰缺指标，首先要从 30 个以上不同土壤肥力水平，即不同土壤养分测定值的田地上安排试验。试验田除全肥区和缺肥区突出两个处理外，一切条件均应相同，每个试点都要测定土壤速效养分的含量。

①N、P、K 全肥区

②N、P 缺钾区

取得产量后，先用下列公式计算钾的相对产量，也称百分产量：

$$钾的相对产量 = \frac{缺钾区产量}{全肥区产量} \times 100\% = \frac{N、P}{N、P、K} \times 100\%$$

采用相对产量的原因是，由于肥力并不是一个因子构成，用相对产量消除了缺素相同而肥力不同的干扰。

在取得各试验土壤养分测定值和相对产量的成对数据以后，以土壤测定值的大小依次排列为横坐标，以相对产量为纵坐标$\left(一般拟合 Y = a + b \times \lg X 或 Y = \dfrac{X}{b + aX}\right)$，作图以表达两者相关。

相对产量从理论上说，不会高于 100%，越接近 100%，施肥的效果越差，也说明土壤含肥量越丰富。通用的分级指标是相对产量在 50% 以下的为极缺，50%～75% 为缺，75%～85% 为中，85%～95% 为丰，95% 以上为极丰。

但是，不同的作物对某种营养元素的要求不同，它的土壤养分供应的丰缺指标也不会相同，因此不能完全按照通用的分级指标，必须按照田间实际情况来分组。

因此，每一种作物都有它自己的丰缺指标，最好能在当地做出试验来决定当地对作物丰缺指标的参数，然后画出丰缺指标分级图。这里还应注意，对一种作物反映缺素，不能认为所有的作物都会产生缺素症（表 7-2）。

表 7-2　甜樱桃养分的丰缺指标

元　素	种植类型	采样组织	采样时期	占干物质重				
				缺　乏	低　量	适　量	高　量	过量
砷（毫克/千克）	田间	叶片	成熟（轻度毒害）				8.6	
钡（毫克/千克）	田间	叶片	成熟			80～240		
硼（毫克/千克）	沙培	叶片	11月份	14		104		182
钙（%）	田间	叶片	7～8月份			0.91～3		
铜（毫克/千克）	田间	叶片	7～8月份			5～20		
锰（毫克/千克）	田间	叶片		21		54～72		
镍（毫克/千克）	田间	果实	成熟			0.5		
磷（%）	田间	叶片	采收			0.04～0.06		
磷（%）	田间	果实	采收			0.01～0.02		
钾（%）	田间	叶片	7月份	0.39～1.82		2.06～2.13		

注：引自（美）查普曼编，庄伊美、江由译。

　　此法的优点是直感性强，肥量确定方法简捷方便，缺点是精确度较差，只划了几个粗杠杠，如要做到准确的定量，还要进一步做好不同用肥水平的田间试验，在不同土壤测定值下提出最适宜的肥料用量。但微量元素肥料施用时一般用量很少，只分"应施"和"不施"两个等级。虽然没有摆脱定性用肥的性质，但在实际生产中已够用了。因此，对微量元素丰缺指标，通常取得田间试验结果后，以土壤测定值为横坐标，以相对产量为纵坐标。做出相对产量与土壤测定值之间的"点阵分布图"，只在点阵中间划一个"十"字，使绝大部分的点划在以这个"十"字为坐标

系的第Ⅰ和第Ⅲ象限内，其纵线相对应的土壤测定值即为丰缺的"临界点"，大于临界点的不施，小于临界点的则应施用。

（3）**氮、磷、钾比例法** 通过田间试验（多因子或单因子）得出氮、磷、钾的最适用量。然后计算出三者之间的比例关系，这样就可确定其中一种养分的定量，然后按各种养分之间的比例关系，来决定其他养分的肥料用量。

例如：某县试验得出甜樱桃使用氮、磷、钾肥料的适宜比例为 1：0.47：0.66，问目标产量 1000 千克时需施氮、磷、钾化肥各为多少？

以氮定磷、钾：先用养分平衡法把应施的氮量确定下来，然后按比例确定磷、钾肥的用量。每生产 1000 千克樱桃果实吸收氮养分 0.018 千克，应施氮素（N）为：1000 × 0.018＝18 千克，折合尿素 9 ÷ 0.46＝19.6 千克。根据施肥比例，磷、钾用量分别为：磷（P_2O_5）9 × 0.47＝4.23 千克，折合 14% 的过磷酸钙 30.2千克；钾（K_2O）9 × 0.66＝5.94 千克，折合 50% 的硫酸钾 11.9千克。

鉴于氮肥在生产中的重要性，故大多数地区的做法是先用养分平衡式确定氮肥用量，然后根据农作物需肥比例、肥料利用率和土壤供肥水平确定磷、钾肥用量。推广这一方法时，必须先做好田间试验，对不同土壤条件和不同作物相应地做出符合客观要求的氮、磷、钾比例。

此法的优点是减少了工作量，也容易为群众所掌握。缺点是同样存在地区和时效的局限性。同时，作物对养分吸收的比例因作物、地区不同而不同。

部分国家和我国部分地区甜樱桃施用氮、磷、钾的配比如下：

德国 N：P：K=2：1：0.5；

美国 N：P_2O_5：K_2O=4：4：3；

日本 N：P：K=2：1：2；

朝鲜 N：P：K=2：1：2；

陕西省　N∶P∶K＝1∶1∶1；

河南省　N∶P∶K＝2∶1∶2 或 3∶1∶3；

全国果树化肥网　N∶P∶K＝1∶1∶1；

渤海湾　N∶P∶K＝2∶2∶1 或 1∶2∶1(幼树)2∶1∶2(结果树)。

注意不要把作物吸收氮、磷、钾的比例和作物应施氮、磷、钾肥料的比例混同，这是两个不同的概念。如果把作物吸收的比例作为定肥的比例，因为没有考虑土壤的因素，用肥必然是不正确的。

第八章

缺素症诊断及防治

一、缺素症的概念及产生原因

（一）概　念

樱桃树正常生长发育需要吸收各种必要的营养元素，缺乏任何一种营养元素，其生理代谢就会发生障碍，使根、茎、叶、花或果实不能正常生长发育，在外形上表现出一定的症状，进而引起樱桃树生长不良，果实产量降低，品质下降，这种现象称为樱桃的缺素症。

（二）缺素原因

1. 土壤中营养元素含量不足　土壤中营养元素的种类和数量因土壤类型及成土母质的不同而有较大差异。若土壤中营养元素不足，植株自身的营养需求就无法得到满足，从而出现缺素症。多雨、淋溶性强的酸性沙土大多数贫钾、贫锌、贫铜和贫镁；碱性土、排水不良的黏土、冲积土、腐泥土多为缺镁土壤；富含石灰质和锰、排水及通气不良的土壤，多为贫铁的土壤；富含石灰质和有机质、酸性强的砂土，多为贫锰土壤。

2. 土壤的 pH 值　土壤酸碱度直接影响营养元素的有效性。研究结果表明，pH 值高时，可引起缺铁、缺锌等症；在酸性土

壤上植株易出现缺钼症状。

3. 有机肥施用量不足　有机肥不仅能增加土壤中的有机质含量，改善土壤的理化性状，提高土壤微生物的活力，促进土壤中游离态矿质元素的量，还能直接增加土壤中各矿质元素的含量，包括植物所需的各种微量元素。有机肥长期施用不足会导致土壤肥力下降，土壤中游离态矿质元素减少，同时植株根系活力下降，吸收能力降低，从而导致缺素症的发生。因此，增加有机肥的施用量是预防、减少缺素症发生的有效途径。

4. 营养元素间的相互影响　果树必需营养元素有 16 种，这些元素的吸收和积累要保持相对平衡才能使植物正常生长，否则就会引发生理障碍。元素之间的拮抗现象，指一种元素的过量存在，常常抑制另一种元素的吸收利用。偏施某一种肥料，会影响植物对其他肥料（营养元素）的吸收，如偏施氮肥会影响植株对钙的吸收，偏施钾肥会影响硼的吸收，偏施磷肥会影响铁、锌的吸收等。因此施肥时要均衡搭配，不可厚此薄彼，既要重视氮、磷、钾肥的施用，也要重视微量元素肥料的施用。

（三）缺素症的诊断

1. 器官分析　即通过测定樱桃特定器官（根、茎、叶、花、果实等）中的元素含量及其变化来诊断该元素是否缺乏，其依据是营养元素在器官中的含量是相对稳定的。器官分析的关键是正确取样，即取样方法科学、合理。

2. 形态诊断　樱桃树在缺乏某种元素时，一般都会在形态上表现出某些特有的症状，如出现失绿、畸形、斑块等现象，可依据症状判断是否缺素或缺某种元素。氮、磷、钾、镁等元素在植物体内容易移动，可以被多次利用，当植株缺乏时，这类元素从成熟组织或器官中转移到生长点等代谢较旺盛部位，因此缺素症状首先表现在成熟组织或器官。钙、铁、硫、锰、铜、硼等元素在植物体内不易移动，很难再次被利用，这些元素被植物地上

部分吸收后即被固定，所以器官越老含量越高，缺素症状在嫩叶中首先发生。

3. 土壤分析　一般是测定土壤的有效养分。矿质元素主要来源于土壤元素，其有效性与种植园有效土层的深度、理化性状、施肥制度等有关。因此进行植株营养诊断时，还必须进行土壤分析诊断。

4. 复原诊断　对呈现缺素症的植株进行浸泡、涂抹、注射、喷施某种元素，观察病症是否减轻或恢复正常。如樱桃叶片呈现失绿时，可将病叶分别浸泡在 0.1% 的硫酸铁、尿素、硫酸镁、硫酸锌等的葡萄糖水溶液内 $1 \sim 2$ 小时，几天后观察，若在某溶液中减轻则表明植株缺少该元素。

二、樱桃缺素症及防治方法

（一）缺铁症及其防治

1. 缺铁症状　樱桃树缺铁症，又称黄叶病，发病初期新梢顶端幼叶失绿，叶肉呈黄绿色，叶脉仍为绿色，整叶呈绿色网纹状，下部老叶仍为绿色。发展严重时叶小而薄，叶肉呈黄白色至乳白色，随病情加重叶片出现棕褐色的枯斑或枯边，逐渐枯死脱落，甚至发生枯梢现象。$7 \sim 8$ 月份雨季以后，病情稍微减轻，树梢顶端可能抽出几片失绿的新叶。因此，$8 \sim 9$ 月份可看到病树新梢顶端有几片失绿的叶片，新梢底部有几片较正常的老叶，中间则是大段光秃秃的树条，严重影响树体生长及果实产量和品质，数年后树势衰弱，树冠稀疏，甚至全树死亡。发病原因主要是土壤呈碱性（pH 过高）反应引起，在碱性土壤中，可溶性铁被固定，根系不能吸收，致使植株缺铁现象发生。

2. 防治方法

①降低土壤的 pH，结合施肥，土壤增施有机肥料（100～

150 千克 / 株）和酸性肥料，例如酒糟、醋糟（50～100 千克 / 株）、过磷酸钙（3～5 千克 / 株）、硫酸亚铁（200～300 克 / 株）、石膏（1～1.5 千克 / 株）等。注意，硫酸亚铁和过磷酸钙要掺入有机肥料中使用，以防被土壤固定而失效。具体使用量可根据甜樱桃树体大小、发病轻重灵活掌握。也可把硫酸亚铁与易分解的有机肥按 1∶5 的比例混合后基施，每株施该混合物 2.5～5 千克，可有 2 年以上效果。

②施用生物菌肥。结合整地、施肥，施入生物菌肥，以增加土壤中的有益菌群，抑制有害菌群发育，释放土壤中被固定的肥料元素，提高土壤肥力。

③生长季节选择傍晚无风的天气，叶面喷洒 500～1000 倍的硫酸亚铁（俗名黑矾）或柠檬酸铁溶液。由于铁在植物体内移动性小，喷洒时应重点喷洒幼叶，也可于樱桃树中短枝顶部 1～3 片叶开始失绿时，喷洒 300 倍的尿素 +500 倍的硫酸亚铁混合液。

④樱桃树发芽前用硫酸亚铁 50～80 倍液浸泡刻伤的侧根，每株灌施药液 100 千克。也可用罐头瓶装入硫酸亚铁 2 克，对水 0.5 升，每方向找出 5 毫米的根插入瓶中，每株树用 4 个瓶，瓶口向上，埋入土中，待根部吸收 24 小时后，把瓶取出。

（二）缺硼症及其防治

1. 缺硼症状 大樱桃缺硼症状一般表现在果实上，叶和新芽上症状不明显。果实症状轻微时，和健全树相比，果梗短、结实率低；随着症状的发展，花芽发育不良，即使开花也几乎不结果；结果的在幼果期看不出什么异常，从果实膨大期开始出现缩果症，还有的出现严重畸形，形似猴头；果实种仁枯死或干瘪。但枝条的生长和叶片的形状没有什么异常。发病的主要原因是土壤中水溶性硼素含量不足，或干燥等原因使硼素的吸收受阻。经过土壤硼素测试发现，无症状果的树下土壤硼素含量为 0.61 毫

克 / 升，症状轻微的为 0.5 毫克 / 升，严重的为 0.22 毫克 / 升。经常使用化学肥料而有机肥施得少或不施，易导致土壤酸化，加速了硼素的溶脱。

2. 防治方法

（1）**叶面喷硼**　用 0.1%～0.3% 硼砂液，再加上等量的生石灰，花前、末花期和落花后各喷 1 次。叶面喷布的效果没有持续性，应根据生育阶段或气象条件的变化适当应用，但要避免发生药害。

（2）**土壤施硼**　土壤施硼是解决缺硼问题的根本措施，施硼后土壤以及树体的硼素含量增加，缺硼症状消失。硼素和其他微量元素不同，适宜范围小，施用过量会引起危害，应根据缺素程度确定合适的施用量，症状轻微的每年施硼砂 40～70 克 / 株，严重的为 140～200 克 / 株。为施用均匀，可将硼砂与一定量的河沙混在一起，均匀撒施在树冠下。

（三）缺钾症及其防治

1. 缺钾症状　樱桃树缺钾时叶片边缘枯焦，从新梢的下部逐渐扩展到上部，中夏至夏末在老树的叶片上首先发现枯焦现象。有时叶片呈青绿色，进而叶缘与主脉呈平行卷曲、退绿，随后呈灼伤状或死亡状。果小，着色不良，易裂果。

2. 防治方法　盛果期樱桃对钾的需求量很大，氮、磷、钾的施用比例大约为 10 : 2 : 12。盛果期树一般株施硫酸钾在 0.3～0.4 千克，分别在开花期、浆果膨大期、果实采收后施用，分配比例约为 3 : 4 : 3，果实采收后最好与秋施基肥相结合，随有机肥一起施用。也可在盛花后隔 10～15 天叶面喷施 0.3%～0.5% 的磷酸二氢钾。

（四）缺锰症及其防治

1. 缺锰症状　樱桃树缺锰时，新梢叶片表面叶脉间退绿呈

淡绿色，近主脉处为暗绿色，但缺锰时在黄化区内夹有褐色斑点。严重时，失绿部分呈苍白色，叶片变薄、脱落，形成秃枝或枯梢。缺锰会导致坐果率降低，果实易畸形。

2. 防治方法 樱桃缺锰时可在土壤施用硫酸锰，施用量为 1～2 千克/亩；也可叶面喷施硫酸锰，喷施浓度为 0.3%～0.4%。

（五）缺镁症及其防治

1. 缺镁症状 樱桃缺镁时，首先是老叶发生变化，叶片脉间褪绿变黄，而叶脉仍保持绿色，失绿部分形成清晰的黄色条纹状。叶缘呈紫色、红色和橙色，有浅晕，叶片易先行坏死，出现早期落叶现象。

2. 防治方法 樱桃缺镁时，可土壤施用硫酸镁，施用量为 1～2 千克/亩；也可叶面喷施硫酸锰，喷施浓度为 0.2%～0.3%。

第九章
肥料和肥效试验

一、肥料和肥效试验内容与方法

肥料试验是研究肥料对植物的营养、产量、品质及土壤肥力等作用的试验方法。它通过合理的试验设计、实施技术与统计方法，力争以较少投资、较短时间在人为控制条件下探索各种农业化学规律，提出合理的施肥措施，达到优质高产高效及培肥土壤、减少环境污染的目的。

（一）主要内容

随着樱桃种植面积的扩大，对施肥的要求也越来越高，樱桃的研究者和栽培者在施肥上已经做了大量的研究工作，取得了部分研究成果，对樱桃产量的增加和品质的提高起到了积极作用。但由于部分地区或果农樱桃特别是甜樱桃的栽培时间不长，还没有制定适合本地或本果园的施肥措施，需要进行田间肥料试验以确定适合本地的肥料种类、施肥时间、施肥量、施肥方式等内容，为大幅度提高产量和改进品质提供理论基础和实践依据。肥料试验研究的主要内容有以下几个方面。

1. 樱桃不同种类品种需肥规律的研究　掌握樱桃在不同季节、不同栽培制度下的吸肥变化特点，为合理施肥、配方施肥提供理论依据。

2. 樱桃早开花早结果、优质高产稳产施肥制度的研究 研究在一定栽培技术措施的配合下，通过水肥调节，达到提早开花、提早结果、优质、丰产、稳产的目的。应着重研究品种、不同年龄阶段植株的施肥量、施肥时期、三要素肥料的配合比例，达到经济有效利用肥料的目的。

3. 不同土壤类型的施肥量、施肥时期、肥料配比、施肥方法及肥效试验研究 不同土壤其盐基的代换量不同，保肥力也不同。例如，沙土、沙壤土的保肥、保水能力差，每次施肥量可少，但次数要多，应多施有机肥，增加土壤团粒结构，提高保肥、保水能力，并且充分发挥根外追肥的作用。

4. 根外追肥种类、浓度、次数、时期的研究 根据不同植物种类、品种，探讨根外追肥的最佳时期，以发挥根外追肥的最大效应。例如，秋季根外追肥，提高了叶片秋季的光合作用功能，不仅有利于花芽的充实，而且有利于提高植株的储藏营养水平。

5. 盆栽试验研究 探讨各种营养元素对樱桃各器官发育的作用；研究各种营养元素的不同比例对樱桃生长发育及光合作用的影响，寻求适宜的比例；研究土壤的不同湿度对肥的利用率及矿质肥料对土壤和植物的影响；研究植物、土壤和肥料的相互作用。

（二）主要方法

肥料试验常用的方法有田间试验、培养试验和实验室试验，下面主要介绍前两种试验。

1. 田间试验 是在田间条件下进行的肥料试验。田间试验与生产条件最为接近，研究结果可以立即用于生产。但影响因子复杂，为了减少误差，必须根据各种植物的特点设计。

2. 培养试验 是将植物在人工控制条件下将生长介质，如土壤、水、沙等置于特殊容器中进行的肥料试验，它是研究农业化学理论问题的重要手段。培养试验按其基质的不同分为土培、沙

培和水培 3 种。现以果树植物为例具体阐述这三种方法，供参考。

（1）**土培试验**　盆土可根据试验要求将沙土、壤土、有机肥按一定比例混合均匀，不要有杂物，需经 3 毫米孔筛过滤，盆土也可直接取自耕作层。盆的口径要一致，盆底要留有排水孔。装盆前，先用瓦片盖住排水孔，或者在盆底铺一层洗净的石砾，铺成的斜面约与盆底呈 30° 角，石砾应盖住盆底的 2/3。装土应分层进行，松紧适度。盆土成分可根据试验要求自行设计。所用盆具须经蒸汽消毒，盆土是否消毒要因试验而定，因为杀死有害生物的同时也杀死了有益生物，但菌肥试验必须消毒。盆土可根据情况添加营养元素，以果树为例，通常每 5 千克土壤加氮（N）0.75 克、磷（P_2O_5）0.5 克、钾（K_2O）0.5 克，微量元素一般不加，但在施用石灰的情况下可加少量铝、锌、铁等。试验期间一般要求保持土壤相对含水量 60% 左右，黏质土壤则在 70% 左右。

（2）**沙培试验**　沙培试验是以沙粒作为植物生长的固体介质，以营养液作为植物养分来源的盆栽试验，是介于土培和水培之间的一种试验方法。由于沙的吸附性能弱，营养液流动性大，其营养成分的分布比土壤更均匀一致，可以避免土壤因素对试验的影响。但沙培与水培相比，由于沙的存在，当植物吸收水分、养分后，也会引起养分、湿度的分布不均。但沙培不需打气，也不需定期施铁和微量元素，一般装盆时一次施入即可。为使 pH 值在整个生长期中保持不变，可在盆中施入不少于沙重 2% 的经盐酸洗过的草炭。

沙培时一般采用清水洗净、干燥后，可通过 0.5～0.7 毫米孔径的石英沙。如做微量元素试验时，沙要用盐酸处理，浸渍 4～5 天，除去杂质，然后洗净、干燥。装盆方法与土培一样。营养液一般用微量元素，使用时每次取原液 1 毫升稀释成 100 毫升水溶液。

（3）**水培试验**　水培试验是植物生长介质为含有营养成分的水培液的盆栽试验，即将植物培育在水中。它可以随意配成不同

成分的培养液，随时变更培养液的组成，还可以随时观察根系的活动情况，因此对植物营养生理和肥料研究具有独特意义。水培容器要求：①不漏水，不吸水；②不会溶出对植物有害的物质；③溶出物不能影响实验结果（如进行钙试验时，不能溶出钙）；④造价低。用金属、木材、水泥做的容器，应在内部涂上蜡、沥青等，也可以用塑料薄膜衬里。盆大小依植物种类、品种、年限而定，如果树一般所需盆深30～60厘米，内径40～80厘米；盆下部要留一排水孔和一插水位表的孔；盆盖分两半，一半用水泥制成，上有固定树干的粗铁丝，另一半用木板制成，以便随时开盖观察。整个盆最好埋在土中，或者盆外绑上木板，木板外涂白漆，以保持水环境的稳定。水培试验常用霍格兰（Hoagland）营养液，液面与盖要有15～30厘米的空隙。水培试验还必须配备通气系统，每天需有1/4马力（约184瓦）空气压缩机以每秒2～3个气泡的速度打气。

二、肥料和肥效试验的设计

（一）试验设计的一般要求

国内外对种植园管理中许多单项因子影响做过不少试验，如不同肥料种类对樱桃叶片大小、新梢长度、果实大小、果实风味的影响等。虽然甲地的试验只能供乙地参考，但对趋势明显的试验效果，在时间不允许的情况下，可以不再重复单项因子的试验，即可进行复因子试验。复因子试验可以在较短时间内取得较好的试验效果，及早推广，早做贡献。

小区的面积，山地一般0.7公顷，可以多设重复次数来弥补小区面积不足的缺点。滩地类似平地，小区面积可以大些，重复可以少些。

处理项目，应尽量从实际出发，长远和目前相结合。对各

地果园土壤管理制定试验方案，必须结合实际，因地制宜地加以考虑。除主处理外，关于果园间种作物种类、绿肥种类、蔬菜种类，可设副处理，采用裂区排列设计。

试验树的施肥种类、用量、次数及时间等各处理必须相同。对照以当地一般生产上的肥料管理为准。

（二）肥料试验举例

1. 叶面喷肥试验　项殿芳等为探讨环剥及叶面喷肥对大紫甜樱桃生长、结果的效应，进行了如下试验：

试验地点设在河北省秦皇岛市北戴河区陆庄果园，山丘地沙质土，管理较好，有简易滴灌。试材为 7～8 年生大紫品种，留枝量大，树冠稍有郁闭，由于过量施用多效唑，新梢生长量极微。入选试材严格控制，干周及调查枝周变异系数控制在 5% 以内，枝周花朵负载量变异系数控制在 5% 以内。环剥对象为较大的辅养枝，枝周 10 厘米左右，裂株小区，随机排列。

第一年设盛花期（4 月 21 日）、盛花后 1 周（4 月 28 日）、盛花后 2 周（5 月 5 日）环剥以及对照 4 个处理，重复 3 次。剥皮宽 4 毫米，剥口距枝基 10 厘米左右，剥后倒贴皮，先包扎一层纸，外用塑料膜包扎。第二年设盛花后 1 周（5 月 2 日）环剥、盛花后 1 周环剥＋高美施（400 倍液）、盛花后 1 周环剥＋尿素（300 倍液）、盛花后 1 周环剥＋光合微肥（500 倍液）以及对照共 5 个处理，重复 6 次，剥法同第一年（未倒贴皮）。剥后先包一层报纸，外用胶带纸扎紧。采用的叶面肥及浓度是在第一年药剂试验基础上确定的，3 次喷布分别为盛花期、花后半个月、花后 1 个月，喷布程度为淋洗状。

调查时期分别为第二年 5 月上旬、5 月下旬、6 月上旬。每个处理随机采果 30 个、采叶 30 片进行测定。可溶性固形物用手持折光仪测定。将果实按着色度分为深红、浅红、粉白、白绿 4 级，每级果数乘级次之和，除以总测定果数乘最高级，再乘 10。

叶色级别用叶绿素速测仪（PAl 型）测定。

2. 土壤施肥试验

（1）**试验园** 试验设在甘肃省天水市秦州区皂郊镇下寨子村大樱桃园，试验地海拔 1 230 米，面积 0.33 公顷，沙壤土，土层厚 30～40 厘米，pH 值为 7，有灌溉条件，供试品种为红灯，树龄 5 年，株行距 2 米×3 米。

（2）**试验药剂和仪器** 氯化钙（陕西省医药公司碑林化工厂生产，纯度 97%），氢氧化钙（当地石灰厂烧制），氨基酸硼钾钙（陕西省九州石化成套有限责任公司生产），PBO（江苏江阴市果树促控剂研究所生产）。手提式喷雾器、托盘天平、手持折光糖度计、量筒等。

（3）**试验设计** 4 种液肥各设 3 个浓度处理。

氯化钙：0.6%、0.4%、0.2%。

氢氧化钙：1%、0.75%、0.5%。

氨基酸硼钾钙：800 倍液、1 000 倍液、1 200 倍液。

PBO：200 倍液、300 倍液、400 倍液。

以喷清水作对照，以单株为试验小区，随机排列，重复 3 次。

（4）**试验方法** 喷药前，先选定试验树统计花朵数量，并挂牌标记。第一次喷液肥为盛花期，第二次、第三次与第一次分别间隔 10 天、20 天，用手提式喷雾器均匀喷洒。果实成熟时调查坐果率，用托盘天平测定单果质量，用手持折光糖度计测定果实可溶性固形物含量。

三、肥料试验调查项目

调查项目应根据试验目的、植物种类品种、植株年龄等来确定。

（一）基本生长指标的调查

试验前应调查基础指标，试验进行中也应进行调查，见表

9 –1、表 9 –2。

表 9-1 樱桃树生长指标调查

品种： 树龄：

处 理	小区号 / 株号	株高（厘米）	新梢生长量（厘米）	新梢叶面积（厘米²）
1				
2				
……				

表 9-2 不同肥料处理对樱桃植株枝类组成的影响

品种： 树龄：

处理	发育枝（条）					结果枝（条）				
	总数	长	中	短	叶丛	总数	长	中	短	花束状
1										
2										
……										

（二）产量与品质调查

表 9-3、表 9-4、表 9-5 供樱桃调查记载参考。

表 9-3 不同施肥时期与樱桃产量的关系

品种： 树龄：

处 理	花芽数（个）	坐果率（%）	产量（千克/株）
1			
2			
……			

表 9-4 不同施肥量与樱桃产量的关系

	品种:	树龄:	
处理（每株施肥量 / 千克）	产量（千克 / 株）	比较（%）	每千克肥料增加产量（千克）
1			
2			
……			

表 9-5 不同肥料种类对红色品种果实大小与着色的影响

处理	产量（千克 / 株）	调查果数	一级果（%）	二级果（%）	三级果（%）	病虫果（%）	畸形果（%）	全红果（%）	2/3 以上果面红（%）	1/3 以上果面红（%）
1										
2										
……										

（三）根系调查

采用追迹法、容量法调查根系生长状况，根系颜色变化，分支特性，各类根占总根的比例，根系阴离子吸收交换能力。

（四）营养分析

1. 土壤分析 施肥前后土壤 pH 值、代换性盐基量、水溶性氮、磷、钾、全氮、有机质含量和土壤容重、孔隙度及土壤微生物数量等。

2. 植株分析 叶、枝、果实、根中淀粉及可溶性氮、磷、钾、糖、酸含量与种类变化，测定叶绿素含量、叶片重量与叶面

积大小等。

四、营养分析样品的采集与分析

（一）土壤样品的采集与分析

1. 土壤样品的采集

（1）**采样单元的划分**　土壤养分的空间变异对测土配方施肥的准确性影响较大，多大范围采集一个土样代表该土壤的养分状况进行推荐施肥，这是测土施肥的关键环节。管理单元的划分很大程度上决定测土施肥的成本和效益。因此，划分采样单元前要详细了解采样地区的土壤类型、肥力等级和地形等因素，将测土配方施肥区域划分为若干个采样单元，每个采样单元的土壤要尽可能均匀一致。一般的平均采样单元为2～5.3公顷，每一单元采一个混合样。

（2）**采样时间**　萌芽前（3月下旬）或采收后（5～6月份），由树冠周围根系集中分布层采集土样，放入洗净的袋内。同一采样单元，无机氮每季或每年采集1次，土壤有效磷及有效钾每2～4年采集1次，微量元素3～5年采集1次。

（3）**采样点的数量**　要使所取土样能代表采样单元的土壤特性，就必须保证足够的采样点。采样点的数量依据田块面积、地块形状，按照采样技术规程进行准确定位和规范采样，每个样品采样点数都在15个以上，一般15～20个点为宜。采样时应沿着一定的线路，按照"随机""等量"和"多点混合"原则进行采样。一般采用S形布点采样，能够较好地克服轮作、施肥造成的误差。采样时要避开路边、田埂、沟边、肥堆等特殊部位。

（4）**采样深度**　采样深度为0～40厘米。采样时深度要垂直，上下取土应均匀。微量元素则需用不锈钢取土器采样，若用铁锹，则要用竹、木铲配合，把金属污染部分去掉。

（5）**采样方法**　每个采样点的取土深度及采样量应均匀一致，土样上层与下层的比例要相同。取样器应垂直于地面入土，深度相同。用取土铲取样时应先铲出一个耕层断面，再平行于断面下铲取土。

一个混合土样以取土 1 千克左右为宜，如果样品数量太多，可用四分法将多余的样品弃去。方法是将采集的土壤样品放在盘子里或塑料布上，弄碎、混匀，铺成四方形，划对角线将土样分成四份，把对角的两份分别合并成一大份，保留其中一份，弃去另一份。如果所得的样品依然很多，可再用四分法处理，直至所需数量。采集的样品放入统一的样品袋，用铅笔写好标签，注明采集时间、采集地点、采样点数、采样深度、采集人等内容。

2. 土壤样品的制备

（1）**样品风干**　从田间采集的土壤样品要及时放在样品盘上，摊成薄薄的一层，置于干净整洁的室内通风处自然风干，严禁暴晒，并注意防止酸、碱等气体及灰尘的污染。风干过程中要经常翻动土样并将大土块捏碎以加速其干燥，同时剔除土壤以外的侵入体。

（2）**一般化学分析试样的处理**　将风干的样品平铺在制样板上，用木棍或塑料棍碾压，并将植物残体、石块等侵入体和新生体剔除干净，细小易断的植物须根采用静电吸附的方法清除。压碎的土样要全部通过 2 毫米孔径筛。未过筛的土粒必须重新碾压过筛，直至全部样品通过 2 毫米孔径筛为止，过 2 毫米孔径筛的土样可供 pH 值、盐分、交换性能及有效养分项目测定。将通过 2 毫米孔径筛的土样用四分法取出一部分继续研磨，使之全部通过 0.25 毫米孔径筛，供有机质、全氮、碳酸钙等项目的测定。

（3）**微量元素分析试样的处理**　用于微量元素分析的土样，其处理方法同一般化学分析样品，但在采样、风干、研磨、过筛、运输、贮存等各环节不得接触金属器具，以避免样本污染。如采样、制样时应使用木、竹或塑料工具，过筛使用尼龙网筛

等，通过 2 毫米尼龙网筛的样品可用于测定土壤有效态微量元素。

风干后的土样按照不同的分析要求研磨过筛，充分混匀后，装入样品瓶中备用。瓶内外各放标签一张，写明编号、采样地点、土壤名称、采样深度、样品粒径、采样日期、采样人及制样时间、制样人等项目。制备好的样品要妥当贮存，避免日晒、高温、潮湿和酸碱等气体的污染。全部分析工作结束，分析数据核实无误后，试样一般还要保存 3～12 个月，以备查询。少数有价值需要长期保存的样品，须保存于广口瓶中，用蜡封好瓶口。

3. 土壤样品的分析 样品的室内分析是了解土壤理化性状的重要手段，根据农业部《测土配方施肥技术规范》测试分析项目的要求，化验分析项目常为土壤理化性状 16 项，各项目分析方法有国家标准或部颁标准的以国家标准或部颁标准为首选分析方法（表 9-6）。

表 9-6 测土配方施肥调查样品分析项目的测定方法

分析项目	标准号	测定方法
pH 值	NY/T1121.2-2005	玻璃电极法
有机质	NY/T1121.6-2006	重铬酸钾 - 硫酸溶液 - 油浴法
有效磷	NY/T148-1990	碳酸氢钠浸提 - 钼锑抗比色法
速效钾	NY/T889-2004	乙酸铵浸提 - 火焰光度法
全氮	NY/T53-1987	半微量凯氏法
碱解氮	NY/T1229-1999	碱解扩散法
缓效钾	NY/T889-2004	硼酸浸提 - 火焰光度法
有效性铜	NY/T890-2004	DTPA 浸提 - 原子吸收法
有效性锌	NY/T890-2004	DTPA 浸提 - 原子吸收法
有效性铁	NY/T890-2004	DTPA 浸提 - 原子吸收法
有效性锰	NY/T890-2004	DTPA 浸提 - 原子吸收法
有效性钼	NY/T1121.9-2006	草酸 - 草酸铵提取 - 极谱法

续表 9-6

分析项目	标准号	测定方法
有效性硼	NY/T1121.8-2006	沸水浸提-亚甲胺比色法
交换性钙	NY/T1121.13-2006	乙酸铵交换-原子吸收法
交换性镁	NY/T1121.13-2006	乙酸铵交换-原子吸收法
有效硫	NY/T1121.14-2006	磷酸盐-乙酸提取硫酸钡比浊法

（二）植株样品的采集与分析

植物样品分析的可靠性受样品数量、采集方法及分析部位影响。植物样品的采集应注意样品的代表性，它不但代表植株生长好坏，也要代表植株的部位和生长发育的时期。采集样品的原则是选取具有代表性的平均样品。在试验区和大田采样时，应选生长情况、生长势、高度、植物生育期都一致的样品，作为分析材料。具体采样时，可先将试验区或大田按两个对角线为采样路线，在这两条路线上选 10～30 个点进行采样，所采取样株组成一个混合样品。

1. 样品采集

（1）根样采集 萌芽期和养分回流期，从用于树相诊断的植株树冠外围，于根系集中分布层（20～40 厘米深土层）采取直径小于 2 毫米的细根 20 克，供分析之用。

（2）叶样采集 在营养转换期（5 月底至 6 月上旬）和养分稳定期（7 月上旬），根据需要按主要物候期从植株四周目测高度，选取 10～20 个营养枝的中部叶片（成年树从基部起 7～9 节，幼树 5～7 节），以及从 2～3 年的一类短枝上采集大叶片，每 50～100 个叶片为 1 个样本。样品采集后，连同填写好的标签，立即放入塑料袋内。若不能及时处理，须放在 2～5℃的冰箱内冷藏。

（3）果样的采集 果实样品采摘时要注意树龄、长势、载果

数量等。平原区果园一般采用对角线法布点采样，由采样区的一角向另一角引对角线，在此线上等距离布设采样点，采样点数量根据采样区域面积、地形等检测项目确定。

丘陵区果园按不同海拔高度均匀布点，采样点一般不少于10个。采样对应在果树的上部、中部、下部、内部、外部及果实着生方位（东南西北）均匀采摘果实，将各点采摘的果品进行充分混合，按分级取样法逐级取样，根据检测项目要求，最后分取所需份数，每份1千克左右，分别装入袋内，贴好标签，扎紧袋口备用。

2. 样品处理

（1）**洗涤**　自田间采集的样品，立即放在0.1%洗涤液中清洗30秒（若喷过农药或肥料，则需先用0.1摩/升盐酸溶液清洗），然后用自来水冲洗，再用无离子水冲洗2次。整个清洗过程不超过1分钟。清洗后，用滤纸吸干细根或叶片上的水分。

（2）**烘干**　清洗后的样品，先在105℃鼓风烘干箱中烘20分钟，然后转入70～80℃的鼓风烘干箱中烘干。

（3）**粉碎**　进行大量元素测定的样品，用植物粉碎机粉碎。进行微量元素测定的样品，用玛瑙钵或不锈钢研磨机研细。粉碎后的样品，过60目尼龙筛，贮存于贴上标签的塑料瓶中备用。

3. 主要元素的测定方法

（1）**氮**　全氮用半微量凯氏定氮法，氨态氮用水合茚三酮比色法，硝态氮用甲硝酸试剂比色法，铵态氮用钠氏试剂比色法。

（2）**磷**　全磷和可溶性磷，用钼蓝比色法。

（3）**钾**　全钾用火焰光度计测定。可溶性钾用四苯硼钠比浊法，或亚硝酸钴钠比浊法。

（4）**钙、镁**　用火焰光度计测定。

（5）**硼**　用姜黄素或甲亚胺比色法。

（6）**其他元素**　用4摩/升盐酸煮沸浸提法，用等离子体光谱仪测定或采用联合消煮法，用原子吸收分光光度计测定。

4. 碳水化合物总量的测定

（1）可溶性含量的测定　用蒽酮比色法。

（2）枝条中贮藏淀粉的测定　①高氯酸提取比色法。②碘—碘化钾染色镜检法：取一年生枝或当年生枝 7～10 节处枝段，横向徒手切片，用 0.5% 碘—碘化钾溶液染色。镜检重复 5 次，每次 5 个细胞，采用 5 级记分法，判断贮藏淀粉量。

0分：细胞内无淀粉粒。

1分：细胞内有零星淀粉粒。

2分：细胞内淀粉占整个细胞 1/2。

3分：细胞内淀粉占整个细胞 2/3。

4分：细胞内淀粉粒密布。

参考文献

［1］曹志平，乔玉辉．有机农业［M］．北京：化学工业出版社，2010．

［2］陈川，唐周怀，石晓红，等．生草苹果园主要害虫和天敌的生态位研究［J］．山西果树，2003（6）：6-8．

［3］陈志萍，蒋德新．甜樱桃园生草和覆草的效果［J］．落叶果树，2012，44（4）：42-44．

［4］高祥照，申眺，郑义，等．肥料实用手册［M］．北京：中国农业出版社，2002．

［5］古成艳．果园秸秆覆盖技术［J］．河北果树，2008（1）：38-39．

［6］贾小红．有机肥料加工与施用［M］．北京：化学工业出版社，2010．

［7］H.D.查普曼．园艺植物营养诊断标准［M］庄伊美，江由译．上海：上海科学技术出版社，1986，7．

［8］黄建国．植物营养学［M］．北京：中国林业出版社，2004．

［9］黄照原．配方施肥与叶面施肥［M］．北京：金盾出版社，2011．

［10］劳秀荣．果树施肥手册［M］．北京：中国农业出版社，2000．

［11］李敏．大樱桃秋施基肥应注意的问题［J］．果农之友，2005（9）：44．

［12］李燕婷，肖艳，李秀英，等．作物叶面施肥技术与应用［M］．上海：科学出版社，2009．

［13］刘殊，华光安，陈华芳．果园生草技术概述［J］．烟台果树，1997（3）：16-18．

［14］鲁剑巍．测土配方与作物配方施肥技术［M］．北京：金盾出版社，2006．

［15］全国农业技术推广服务中心．中国有机肥料养分志［M］．北京：中国农业出版社，1999．

［16］隋秀奇，张代胜，孙明志．甜樱桃生长的营养需求及施肥新技术［J］．河北果树，2006（4）：29．

［17］佟盛双．甜樱桃树秋施基肥技术［J］．现代农业，2011（11）：35．

［18］王保林．果园种草的综合效益综述［J］．河北农业科学，2008，12（8）：130-133．

［19］王金龙，赵立新，白剑虹．不同形态的氮肥对甜樱桃根系生长发育的影响［J］．内蒙古农业科技，2008（3）：46．

［20］王琳，张万春，于晓伟，等．大樱桃生育状况与土肥管理的关系［J］．河北果树，2008（3）：43．

［21］王跃进，张朝红．梨树树干注射施肥的研究［J］．西北农林科技大学学报（自然科学版）．2002（4）：69-72．

［22］万仁先，毕可华．现代大樱桃栽培［M］．北京：中国农业科技出版社，1992．

［23］吴禄平，吕德国．甜樱桃无公害生产技术［M］．北京：中国农业科技出版社，2003．

［24］项殿芳，刘帅，李玉景，等．环剥及叶面喷肥对大紫甜樱桃生长、结果效应的研究［J］．河北农业技术师范学院学报，1996，10（3）：19-22．

［25］袁积股，马骥．果树施肥新法——注射施肥法［J］．西北园艺，2001（4）：16-17．

［26］张福锁. 测土配方施肥技术要览［M］. 北京：中国农业大学出版社，2006.

［27］张书辉，王连起，潘月庆，等. 有机肥与微肥在大樱桃上的应用［J］. 果农之友，2011（8）：5.

［28］张序，李延菊. 甜樱桃的需肥特性及施肥技术［J］. 农业知识：瓜果菜，2008（7）：17.

［29］赵改荣，钟泽. 樱桃新优品种与现代栽培［M］. 郑州：河南科学技术出版社，2005.

［30］张连秋，杨玉岭，朱哲，等. 氨基酸肥料在生产中的应用进展［J］. 农业灾害研究，2014，4（6）：48-49，55.

［31］周美荣，孙振江，申晓强. 蚯蚓粪的研究及应用［J］. 山西农业科学 2012，40（8）：921-924.

［32］单颖，赵凤亮，林艳，等. 蚯蚓粪对土壤环境质量和作物生长影响的研究现状与展望［J］. 热带农业科学，2017，37（6）：11-17.

［33］王粉莲，苏利民，王萍，等. 生物肥料在国内外的研究现状［J］. 内蒙古农业科技，2010（6）：74-75.

［34］廖明安. 园艺植物研究法［M］. 北京：中国农业出版社，2005.

［35］翟立普，刘巍巍. 大连地区大樱桃常见缺素症状及防治对策［J］. 辽宁农业职业技术学院学报，2014（3）：3-4.

［36］谷玉强，王琳，王晶祥，等. 大樱桃硼素缺乏的生理障害及对策［J］. 北方果树，2009（2）：54.

［37］褚方钢. 甜樱桃缺铁症的防治技术［J］. 农家参谋，2013（4）：17.

［38］付余梅. 樱桃树缺铁症的防治［J］. 烟台果树，2004（1）：52.

［39］郝婕，索相敏，蒋艳霞. 如何科学诊断苹果树缺素症［J］. 河北果树，2016（3）：48.

［40］于洋．农作物缺素症的发生与防治［J］．农民致富之友，2016（19）：32．

［41］周玉秋．蔬菜缺素症的发生原因与防治［J］．安徽农学通报，2006（11）：174．